전기의 역사

전기의 역사

발행일 초판 1쇄 2016년 10월 4일   4쇄 2020년 7월 27일

지은이 이봉희

펴낸이 안병훈

디자인 김정환

펴낸곳 도서출판 기파랑

등록 2004년 12월 27일 제300-2004-204호

주소 서울시 종로구 대학로8가길 56(동숭동 1-49) 동숭빌딩 301호

전화 02)763-8996 편집부 02)3288-0077 영업마케팅부

팩스 02)763-8936

이메일 info@guiparang.com

홈페이지 www.guiparang.com

ISBN 978-89-6523-704-4 03400

전기의 역사

기파랑

BC600   1600   1764   1800

I. 인류 전기의 역사

 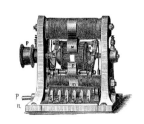  

1831	1867	1879	1893

II. 우리나라 전기의 역사

『전기의 역사』이야기를 시작하며

인류의 가장 위대한 발명품 중의 하나인 전기는 지구상에 살았던 우리 인류의 조상들 대부분이 그 혜택을 누리지 못하였지만 130여 년의 짧은 역사 속에서 위대한 문명의 도약을 이루는 기초가 되었다.

전기 발명의 역사는 하루아침에 이루어진 것이 아니다.

자연에 존재하지만 **보이지 않는 전기**라는 기운을 과학자들이 발견하고 이를 실험과 이론으로 검증하여 기초를 만들었고 불편과 필요를 바꾸려는 위대한 발명가들의 선견先見과 노력努力으로 우리가 공기처럼 편하게 쓸 수 있는 전기와 전기 제품들을 만들어 내었다.

전기의 역사를 되돌아보면 필요에 따라 수레바퀴처럼 이어진 과학적 이론과 업적들이 전율이 느껴질 정도로 흥미진진하다.

먼 옛날 탈레스부터 윌리엄 길버트를 지나 스티븐 그레이, 프랭클린, 쿨롱, 볼타, 외르스테드, 옴, 패러데이, 그람, 에디슨, 스탠리, 테슬라 등 위대한 과학자들이 전기를 실용화하기 위해 기초 이론 정립부터 실용화까지 차근차근 발명을 이어갔던 것이다.

가스등의 사용불편을 해소하기 위한 방편으로 아크등을 사용하던 중 에디슨이 탄소 필라멘트를 이용한 진공 전구를 개발하였고 이미 발명된 발전기로 전기를 공급하는 방식에 의해 상업적 전기의 이용이 가능할 수 있었다.

테슬라의 천재성이 교류시스템을 고안하여 장거리 대용량 송전을 가능케 했으며 이후 전기를 이용한 축음기, 라디오, TV, 컴퓨터 등 실용 발명들이 이어져 전기 문명을 꽃피우게 되었다.

우연히 전기공학 공부를 시작하고 전력회사에서 일하며 호기심을 느꼈던 전기의 역사 이야기를 탐구하던 중 느꼈던 흥미진진한 역사의 흐름과 연결고리가 책으로 만들어 졌다.

『전기의 역사』는 인류의 최초 전기사용에서부터 교류전력 시스템이 사용되기까지 다루어지며 우리나라에 전기가 들어와 사용되기까지의 과정도 소개하고자 한다.

『전기의 역사』를 통해 필요에 반응했던 우리 선조들의 전기사업의 발자취를 되돌아보면서 전기의 문명을 이루는데 기여한 위대한 과학자 한사람, 한사람을 만날 수 있을 것이다.

이글을 통해 전기에 대한 지식을 더하고, 전기산업 발전의 더 큰 도약을 기대해 본다.

2016. 9월

이봉희

I

인류 전기의 역사

HISTORY OF ELECTRICITY

1

CHAPTER

전기의 시작

HISTORY OF ELECTRICITY

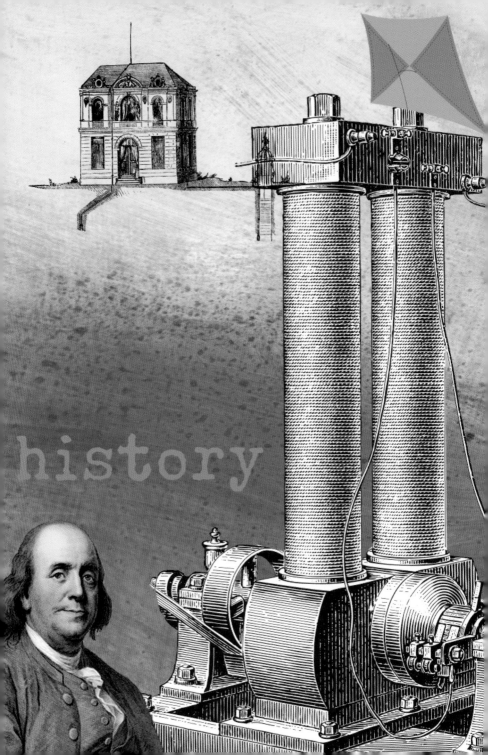

전기는 어떻게 발견되었나?

자석을 발견한 양치기 소년 마그네스

인류가 처음으로 경험한 전기현상은 천둥과 번개였다. 인류의 존재와 함께 비롯된 이런 전기현상에 대한 경험은 원인을 몰랐기 때문에 단지 자연현상을 신비로움과 두려움으로 받아들였을 뿐이었다.

반면에 자석(Magnet)은 사람들이 가장 신기하게 생각하는 대상 중의 하나였다. 쇠를 끌어당기는 검은 돌 즉 천연의 자석인 자철광(磁鐵鑛)에 대한 현상에 많은 관심을 가지고 있었다.

역사적으로 전기(電氣)가 인간에 의해 처음으로 인식된 것은 고대 그리스시대의 일로 장식품으로 쓰이고 있던 호박(琥珀)[01]이 작은 물체를 끌어당기는 현상을 발견하였을 때였다.

---

01 지질시대 나무의 송진 등이 땅속에 파묻혀서 굳어진 광물로 노란빛을 띠며 윤이 나고 투명하다.

기원전 600년에 그리스 이오니아 항구의 한 도시 밀레투스의 박식한 철학자이자 천문학자이었던 탈레스(Θαλῆς)는 보석처럼 단단하고 투명하며 오렌지색을 띤 호박이 가진 특별한 성질을 관찰하였다. 현대를 사는 우리는 단지 호박이 나무

호박

진(津)의 무미건조한 화석일 뿐이라는 사실을 알지만 호박에 마찰전기가 발생하고 있다는 사실을 몰랐던 고대 그리스 사람들은 호박 속에 신(神)이 머물러 있다고 믿으며 그 현상을 이해하려 했다. 그리고 그 호박을 호신(護身)을 위한 부적으로 몸에 달고 다녔다고도 전해지고 있다. 또, 철학자들 사이에서도 마법의 돌로서 주목받았다.

탈레스의 관찰에 의하면 호박을 옷감으로 비비면 깃털이나 지푸라기, 나뭇잎처럼 가벼운 물체가 호박을 향해 날아와 들러붙었다가 얼마 후에는 부드럽게 떨어져 나가 마치 호박이 살아서 이들을 끌어들였다가 놓아 주는 것 같았다. 고대에는 이러한 물질을 흡인하는 힘은 그 당시 인간의 상상을 초월한 어떤 것이 있다고 생각했고 이러한 마력을 갖고 있는 호박을 탈레스는 'electron'이라고 이름을 붙였다.

이러한 호박의 특성은 지금은 우리가 정전기라 부르는 현상으로 인간의 호기심을 돋우고 전기의 신비한 힘에 대한 작은 단서를 만들어 내기에 충분했고, 특별하고 기록할만한 질문의 주제였다. 또한 탈레스는 이 불가사의한 호박을 비롯, 역시 신비의 광석으로 알려졌던 마그네스(Magnes)에 대해서 자세히 연구하기도 했다.

마그네스란 천연의 자석인 자철광(磁鐵鑛)으로 이것은 호박보다도 1천여 년 전부터 알려져 있었던 것이었다. 탈레스는 이러한 광물들이 물질을 끌어당기는 것은 영혼이 깃들어 있기 때문이라고 생각했다.

탈레스
Thales
BC 624~ BC 545(추정)

BC 600년 경 그리스의 밀레투스라는 작은 도시에서 태어나 후세 철학, 수학, 천문학 발달에 많은 기여를 하였다.

BC 585년 5월 28일 일식을 예측하였고 이집트의 경험적·실용적 지식을 바탕으로 최초의 기하학을 확립하였다. '원은 지름에 의해서 2등분된다', '2등변삼각형의 두 밑각의 크기는 같다', '두 직선이 교차할 때 그 맞꼭지 각의 크기는 같다' 등의 정리는 그가 발견한 것이다. 닮은꼴을 이용하여 해안에서 해상에 있는 배까지의 거리를 측정하였고, 자석이 금속을 끌어당기는 작용도 그의 발견으로 전해진다.

천재적인 문제 해결자로서의 탈레스의 명성은 그리스 전역에 걸쳐 퍼졌다. 그리스인들은 뛰어난 문제 해결 능력을 가졌던 탈레스를 고대 그리스 7명의 현인 중 1인자로 인정하였다.

|호박 탄생 신화|

그리스인들은 태양의 신 아폴론의 아들 파에톤의 신화에서 호박의 마술(魔術)을 설명하였다. 파에톤은 아버지 아폴론의 번쩍번쩍 빛나는 황금전차를 자신의 힘으로 몰며 빛나는 하늘을 날고 싶었고, 아버지는 아들에 대한 사랑을 증명하려고 성급하게 이를 허락했다.

파에톤이 고삐를 잡자 아폴론의 만만치 않은 준마는 그의 미숙함으로 오는 불안을 감지해 진로를 이탈해 돌진했다.

말들은 가장 어두운 하늘까지 멀리 달려갔다가 대지에 너무 가까이 접근해 땅을 검게 태웠고 모든 국가와 도시에 불을 질러 비옥하던 리비아(아프리카의 옛 지명)를 건조한 사막으로 바꾸고 대양을 휘저어 넓다란 대륙을 갈랐다.

그러한 오만과 장난에 몹시 화가 난 제우스는 파에톤에게 치명적인 번개를 집어던졌다. 파에톤의 불타는 머리카락이 어두운 밤하늘을 가로지르는 별똥별처럼 타오르면서 하늘에서 죽은 채 떨어졌다.

그의 누이들이 죽은 남동생 주변에 모여 몹시 슬퍼하자 이를 불쌍히 여긴 제우스는 이 소녀들을 포플러로 만들었고 그들의 눈물은 지나가는 시냇물에 굴러 떨어진 반투명의 호박으로 변했다.

나침반의 발견

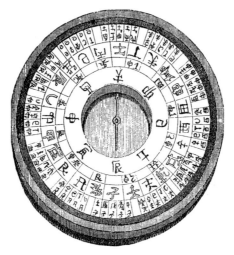

중국의 나침반

자석(Magnet)이란 단어는 자석이 산출되는 소아시아의 도시인 마그네시아(Magnesia)에서 따온 것으로, 전설에 따르면 마그너스(Magnus)라는 이름을 가진 크레테의 한 양치기가 철판으로 만든 신발을 신고 자석이 함유된 바위 위에 쉬고 있다가 발을 뗄 수 없다는 사실을 발견한 일에서 유래됐다고 전해진다.

이 자석을 동서남북 방향을 알기위하여 사용한 것은 중국이 처음이었던 것 같다. 자석의 성질을 기술한 세계에서 가장 오래된 문헌인 후한(25~220)시대 왕충(王充)의 저서 『논형(論衡)』에 의하면 '자석인

사남의 국자

침(慈石引針)' 외에 '사남(司南)의 국자(杓)[02]'라는 기록이 있다. 천연 자석을 국자 모양으로 만든 것을 '사남의 국자'라고 불렀으며, 이것을 테이블 위에 두면 그 머리가 남쪽을 향한다고 서술되어 있다. 이후 중국에서는 자침을 물에 띄우거나 실에 매달아 방위(方位) 목표에 사용하였다.

근세 지리학의 대가 알렉산더 폰 훔볼트(Friedrich Heinrich Alexander von Humbolt)[03]는 그의 위대한 저서『코스모스』에서 "중국 배들은 4세기 동안 나침반을 사용하여 인도와 아프리카 동해안까지 항해하였다"는 고대 기록을 통한 사실을 알렸다. 또 훔볼트는 나침반이 인도양과 페르시아와 아라비아 해안 전역에 걸쳐 일반적으로 사용되고 난 이후에 동양에서부터 유럽으로 유입되었다고 주장했다. 당시 유럽에서는 이 사실을 발견하지 못했고 동서양 교류가 이루어진 1100년 이후에야 중국에서 유럽으로 전파되었다.

---

02 자석의 지극성(指極性)을 이용하여 만든 최초의 방향지시 기구. 기원전 1세기 말에 저술된『논형(論衡)』「시응편(是應篇)」에는 자석의 지극성을 이용하여 만든 기구 즉 '남쪽을 가리키는 국자'에 관해 기술하면서 '땅에 던지면 손잡이가 남쪽을 가리킨다'라는 대목이 나온다. 이 기구는 자철광(磁鐵鑛)을 국자 모양으로 잘라서 만든 것인데, 긴 손잡이 쪽이 자석 역할을 하여 남쪽을 가리킨다. 이는 자석의 지남성(指南性)에 대한 최초의 발견이라 할 수 있다.
03 1769~1859 독일의 지리학자, 자연과학자 근대 지리학의 시조로 그의 역작『코스모스』는 근세 지리학의 금자탑이 되었다.

나침반이 유럽으로 유입되는 데는 아라비아인들과 1096년 이후 이집트와 레반트와 접촉했던 십자군들이 어떤 역할을 했을 것으로 추정하고 있다. 이를 계기로 유럽에서는 1310년 이탈리아의 조야가 항해용 자침인 나침반을 발명하여 1492년 콜럼부스가 신대륙을 발견하고, 1519년 마젤란이 세계 일주를 하는데 기여를 하였다. ✐

왕충
王充
27(추정)~100

중국 후한 시대(25~220)의 유물론자.

인간도 모든 사물과 마찬가지로 기(氣)의 산물이고, 성인·범인에게 본질적인 차이는 없으며, 개별적·특수적인 지식을 보편화하는 능력의 유무가 그 차이를 결정한다고 주장했다. 그리하여 그는 성인의 절대화에 반대하고, 성인은 덕의 체득자로서의 군주의 지배를 합리화하는 지배 계급적 견해에 대하여 만인에게 성인의 길을 개방하는 주장을 펼쳤다.

또한 생득관념이라는 생각에 반대하여 경험을, 신비에 대하여 실증을, 우연에 대하여 필연을 주장하였다. 그가 지은 『논형』은 한 개인이 지은 백과전서류의 저작으로 당나라 대까지 대단한 저작으로 평가받았다.

근세 전기의 시작 윌리엄 길버트

모루위의 철을 망치질을 하는 장면(윌리엄 길버트의 『자석에 대하여』)

그리스시대 발견된 마찰전기는 연속성이 없는 순간적인 전기이다. 에보나이트 봉은 종잇조각을 끌어당기지만 점차 그 끌어당기는 힘을 잃게 된다. 이처럼 연속성이 없는 순간적인 마찰전기로는 전등을 켜거나 전동기를 운전할 수가 없다. 따라서 순간적인 전기가 아닌 연속적인 전기를 필요로 하게 되는데 이러한 전기를 얻기까지는 더욱 많은 지식과 세월이 걸렸다.

B.C. 600년경 그리스의 탈레스 이후로 근세 전기의 시작은 2,200년이 지나 영국의 의사이자 철학자인 윌리엄 길버트(William Gilbert)로부터 시작 되었다. 1600년 길버트는 여왕 엘리자베스 1세의 수석의사로 지명된 유능한 인재였다. 보수적인 내과 의사들로 구성된 왕립 컬리지의 존경받는 임원이었던 길버트는 과학적 연구에도 활발하게 참여하였다.

길버트는 그때까지 명확하게 구별되어 있지 않았던 전기와 자기의 현상을 호박이 지니는 인력 '전기력(電氣力)'과 자석이 지니는 인력 '자기력(磁氣力)'과의 차이를 처음으로 명확히 구별하였고, 또 전기(Electricity)라는 새로운 단어를 만들어냈다.

길버트는 1600년에 당시에는 도전적인 이론이 가득한 저작물 『자석에 대하여(De Magnete)』를 발표하였다. 원래 라틴어를 영어로 번역한 전체 제목은 '자석, 자성체, 거대한 지구자석에 대하여'였는데 그는 이 책에서 자석에 관한 지식을 정리하여 자기에 대한 이론적 체계를 세웠다. 그는 자기 현상을 지구의 균질한 부분들이 서로 일정한 방향으로 향하려는 성질로 자석이 전체 지구의 근본적 형상에 부합하려는 충동이라고 생각했다. 그래서 그는 자석을 살아있는 지구의 작은 분신이라는 뜻으로 '테렐라(Terrella; 작은지구)'라고 불렀다. 길버트는 "지구 내부는 마치 나침반의 바늘을 북쪽으로 흔들리게 하는 것처럼 하늘에서 우리 지구의 방향을 잡아주는 순수하고 연속적인 자기 핵"이라고 단정하고 자석의 많은 작용을 설명하였다.

윌리엄 길버트

『자석에 대하여』 도입부

그는 호박 이외에도 다양한 물질을 테스트해 유리, 수정, 황, 봉납 그리고 다른 광물 등이 마찰할 때 전기를 띤다는 사실을 발견하였다. 물론 당시에 그는 마찰시 다른 종류를 끌어당기거나 같은 종류를 밀어내는 양이나 음으로 대전(帶電)[04]된 전하를 발생시킨다는 점을 알 수 없었지만, 어떤 종류의 물질이 정전기적인 인력을 지니는지를 '자화지침'[05]으로 관찰하기도 하였다.

길버트는 이러한 현상을 물질이 Electrified, 즉, 호박화되기 때문이라고 생각했다. 여기서 호박화 하는 원인이 되는 것을 Electricity(전기)라고 부르게 되었다. 이와 같은 길버트의 과학적인 연구로 전기라는 학문이 시작되게 된 것이다.

길버트가 추구했던 이것들은 가치 없는 지적 의문이 아니라 상업적으로 엄청나게 중요한 질문들이었다. 그 당시 영국은 국가의 부를 탐욕적으로 추구하는 지배적인 해상 권력 국가였고 엘리자베스 여왕은 항해술을 향상시키려고 노력 중이었다. 그러므로 자기력의 성질과 나침반의 기록을 명백하게 하는 모든 시도가 중요한 시점이었으며 발

---

04 전기를 띠게 만드는 것.
05 가벼운 금으로 만든 바늘로 전하(電荷)의 음양에 따라 바늘이 앞뒤로 흔들린다.

윌리엄 길버트
William Gilbert
1540~1603

영국의 의사 · 물리학자. 자기학(磁氣學)의 아버지로 불린다.

영국 콜체스터에서 태어나 케임브리지 대학에서 의학을 배웠다. 런던에서 개업의로 있다가 1601년 엘리자베스 1세의 시의(侍醫)가 되었다.

주요 저서인 『자석에 대하여』(1600)는 라틴어로 씌어 있지만 자기(磁氣) 및 지구자기(地球磁氣) 현상을 조직적이고 순수 경험적으로 다루어 지구 자체가 하나의 자석임을 발견, 자침이 남북으로 향하는 이유를 밝혔다.

이것으로 자침의 반발과 서로 끌어당기는 현상을 반감·공감에 비유하여 생기체적(生氣體的)으로 설명했고 가열함으로써 자력이 강해진다는 이전의 속설을 부정했다. 또한 자침의 편차·복각(伏角)도 설명했는데, 이에 대한 지식은 대부분 퇴역 항해자이며 나침반 제작자였던 로버트 노만의 소책자(小冊子)에서 암시를 얻은 것 같다.

이 서적과 그의 귀납적 연구 방법은 갈릴레이와 J. 케플러, R. 데카르트 등 당시의 과학자들에게 커다란 영향을 주었다.

이 밖에도 『세계에 대하여』라는 저서가 있다.

명가들의 연구와 실험이 도전적이고 경쟁적으로 이루어지던 황금기의 시작이었다. ✎

| 더 알아보는 전기와 자기 |

전기(電氣, Electricity)는 전기 현상의 주체가 되는 전하(電荷)나 전기에너지를 이르는 말로 길버트 이후로 프랑스의 물리학자 뒤페가 전하에 양음(陽陰)의 구별이 있는 사실을 발견하였다. 프랑스의 쿨롱은 전기를 가진 물체 사이에 작용하는 전기력에 관한 쿨롱의 법칙을 발견하였으며, 또 이탈리아의 물리학자 볼타에 의해 전지가 발명되는 등 전기 현상이 정밀과학으로서의 체계를 갖추게 되었다.

자기(磁氣, Magnetism)는 자석이 쇳조각을 끌어당기거나 전류에 작용을 미치는 물리적 성질이다. 자기력은 자석(磁石, Magnet)이 철을 끌어당길 정도로 자화(磁化)되어 있는 힘을 이르며 일시자석과 영구자석이 있다. 일시자석은 전자석(電磁石)의 철심(연철)과 같이 외부자기장을 제거하면 자성이 없어지는 것이고, 영구자석은 일단 자성을 가지면 외부자기장을 제거해도 장기간 자성을 보유하는 것으로, 자석강이라고 하는 강철을 강력한 자기장 하에서 자화시켜 만든다. 역사적으로는 고대 그리스나 고대 중국에서 이미 자연 상태에서 자성을 지니는 자철석(Magnetite) 등이 천연자석으로 알려져 있었으며, 12세기에는 그 자화력에 의해서 얻은 자침을 항해용 나침반으로 사용한 기록이 남아 있다.

1820년 프랑스의 아라고에 의해서 발명된 전자석은 철심 주위에 코일을 여러 겹 감은 것인데, 코일에 전류를 통했을 때만 자기력이 나타나는 일시자석이지만, 영구자석보다 강한 자기력을 얻을 수 있고, 전류의 세기에 따라 자화의 정도를 가감할 수 있는 이점이 있다.

자기학의 아버지 길버트 이후로 1830년 외르스테드가 전류의 작기 작용을 발견하였고 1831년 영국의 패러데이가 '전자기 유도'를 발견함으로 전기와 자기의 밀접한 관계를 발견하여 전자기학이 성립되었다.

최초의 마찰기전기 摩擦起電器

게리케가 고안한 최초의 전기 발생기

윌리엄 길버트 이후 오랫동안 전기에 대한 인류의 지식과 이해는 거의 발전되지 않았다. 전기에 대한 진전은 반세기 후 독일의 과학자 오토 폰 게리케(Otto Van Guericke)에 의하여 이루어졌다.

마그데부르크 실험 등 진공실험으로 유명한 게리케는 구리로 만든 구(球)의 배기에 성공하고 진공을 만들어낼 수 있음을 보여 주었다. 이와 관련하여 배기 전후의 구(球)의 무게가 달라지는 점에서 공기의 무게를 산출하였고, 공기 중에서는 물체에 부력(浮力)이 작용한다는 것을 제시하기도 하였다.

1663년 게리케는 어떤 물질을 문지르면 당기는 성질이 생긴다는 생각으로부터 실험을 시작하여 최초의 전기발생기를 발명하여 전기 역사의 위대한 업적을 이루어 내었다.

황의 정전기 발생 특성을 이용하여 게리케는 직접 으깬 황을 유리 구에 부은 후 그것을 열을 가해 녹여서 공 모양을 만들었다. 황이 굳은 후에 유리를 깨자 연구에 쓸 황구가 준비되었다.

게리케는 막대위에 황구를 올리고 틀에 수평하게 고정 시켰다. 그리고 막대를 기어장치와 크랭크 손잡이에 연결하여 고속으로 황구를 회전시킬 수 있게 하였다. 구가 회전할 때 그는 손으로 그것을 문질렀고 잠시 후 그것이 정말로 깃털, 린넨 실, 물 등을 잡아당기는 것을 발견했다. 그는 지구상에서 위로 던진 물체가 다시 땅으로 끌려오는 것 또한 같은 작용 때문이라고 생각했다.

그리고 그는 한 가지 실험을 더 해보았다. 회전하는 황구를 어둠 속에 문질러 본 것이다. 그러자 황구가 순간적인 섬광을 내는 것을 보았다. 그 불빛은 구에서 뻗쳐서 몇 cm 떨어진 그의 손까지 뻗쳐왔다. 게리케에게 이 불빛은 정전기의 또 다른 특별한 성질이었다. 이것이 전기를 발생시킨 최초의 마찰기전기(摩擦起電器)이다. 게리케는 이 마찰 발전기로 마찰전기를 연속적으로 발생시켜 반복적인 전기 불꽃을 볼 수는 있었지만 연속전기를 얻을 수 있는 지식으로 진전시키지는 못하였다.

그 후 1709년 영국왕립학회의 기계책임자인 프랜시스 혹스비 (Francis Hawksbee)가 비슷한 물체인 정전기 기계를 만들어 냈다. 그것은 대(臺)를 붙인 속빈 유리공이었다. 이 공은 회전 속도가 빨라지면서 마찰되어 전기를 발생시켰고 무시무시한 불꽃을 일으켜 많은 갈채를 받았다.

　혹스비는 마찰을 지속적으로 일으키기 위해 유리를 계속해서 누르게 조종할 수 있는 짧은 막대기 '러버(Rubber)'를 덧붙였다. ✎

오토 폰 게리케

Otto von Guericke

1602~1686

독일의 물리학자, 기상학자.

독일 마그데부르크(Magdeburg)에서 출생하였다. 그는 예나 대학교에서 법학을 공부하였고, 라이덴 대학에서는 법학, 수학, 공학을 공부하였다.

1626년 마그데부르크 시의 참사회원(alderman)이 되었고, 1646년 마그데부르크의 시장이 되었다.

유황구로 마찰전기를 발생시키는 실험과 더불어 1654년 대기압의 세기를 나타내기 위하여 레겐스부르크에서 공개한 '마그데부르크의 반구실험'은 유명하다. 이 연구는 로버트 보일(Robert Boyle, 1625~1691) 등에 의한 기체역학의 기초가 되었다. 1672년에는 『진공에 대하여(Experimenta nova Magdeburgica de vacuo spatio)』라는 저서를 발간하여 자연과학에서 실험적 방법을 강조하였다.

| 마그데부르크의 실험 |

1650년 부분진공을 만드는 데 성공한 게리케는 이미 진공 속에서는 소리가 전달되지 않는다는 사실과 함께 촛불이 꺼진다는 사실도 확인하였다.

마그데부르크 시장 오토 폰 게리케는 1654년 레겐스부르크 교외에서 헝가리와 베멘의 국왕인 페르디난도(Ferdinando) 3세를 초빙하여 진공에 관련된 재미있는 실험을 진행하였다.

그는 지름 33.6cm의 두꺼운 구리로 만든 속이 빈 반구(半球) 두 개를 가져온 후 그것을 붙여 구 한 개로 만들었다. 그리고 그 속의 공기를 배기펌프를 이용하여 빼내 진공 상태로 만들었다. 그런 다음 구의 양쪽에 연결된 쇠고리에 단단한 밧줄을 이었고, 이 진공 구를 양쪽에서 말을 이용해 잡아당기기 시작했다. 한쪽에서 네 마리의 말이 잡아당겼으나 진공 구는 좀처럼 분리되지 않았고, 시간이 한참 흐르고서야 양쪽으로 분리되었다. 이를 본 국왕을 비롯한 모든 관람객들은 탄성을 질렀다. 그러나 이는 시작에 불과했다. 두 번째로 지름 49cm의 구로 실험을 시작했고, 이번에는 한 쪽에서 여섯 마리, 즉 열두 마리의 말이 서로 잡아당겼으나 구는 분리되지 않았다. 게리케는 이미 한쪽에서 여덟 마리가 잡아당기지 않으면 구는 분리되지 않음을 알고 있었던 것이다.

그의 실험 공연은 전 유럽으로 확대되었는데 1657년에는 빈의 황궁에서, 1661년에는 독일의 프리드리히 빌헬름 선제후 앞에서도 공연하였다. 과학 실험이 이만큼 일반인들의 관심을 불러일으킨 것도 역사적으로 찾아보기 힘들 것이다.

도체와 부도체를 발견한 스티븐 그레이

그레이의 인체에 전기가 통하는지에 대한 실험 그림

O후 전기적인 진보는 영국 켄터베리 출신 스티븐 그레이(Stephen Gray)에 의해 이루어졌다. 그는 전기적 성질을 먼 곳까지 인도하는 물체인 도체(導體)와 그렇지 않은 물체인 부도체(不導體)와의 구별을 분명히 하여 그것이 물체의 빛깔 등에 의한 것이 아니라 물체를 구성하는 물질의 속성이라는 사실과 인체(人體)도 도체인 사실을 밝혀내 전자기학 발전에 기여하였다.

아마추어 실험가로서 왕립학회지 〈철학 회보〉(Philosophical Transactions)에 자주 기고했던 스티븐 그레이는 1729년 정전기 현상이 접촉에 의해서 아주 멀리 전달된다는 것을 발견했다. 그는 수많은 물질 중에서 전기를 통하는 것과 그렇지 않은 것을 구분하는 실험을 했는데, 길이가 1m되는 유리 막대를 마찰시켜 전기를 발생시키고, 새털과 종이 등에 가져가 달라붙는 것을 관찰하는 비교적 간단한 실험이었다. 그 과정에서 막대에 손을 댔을 때 짜릿한 자극을 느끼자 그레이는 몸이 전기를 통하는지가 몹시 궁금해졌다.

그레이는 자신이 데리고 있던 급사 한 명을 실험 대상으로 삼았다. 길고 튼튼한 명주 끈 두 가닥을 준비한 후 양 끝을 천장에 매달아 두 개의 고리를 만들었다. 고리 하나에 급사의 양쪽 발을 걸고, 다른 하나에 양 어깨를 걸었다. 그리고는 끈을 끌어 올려 급사가 수평한 자세로 공중에 뜨도록 만들었다.

그레이는 먼저 유리 막대를 마찰해 대전시킨 후 이를 급사 발바닥에 댔다. 그리고 급사의 머리에 손을 대는 순간 짜릿한 자극을 받았다. 이 실험을 통해 전기가 사람의 몸을 통해 머리에서 발끝까지 전해진다는 것이 확실해졌다.

다른 실험에서는 한쪽 손으로 금속 막대를 쥐고 대전시킨 유리 막대를 닿지 않도록 조심하면서 될 수 있는 대로 가까이 가져갔다. 이 두 막대의 좁은 간격 사이를 전기는 불꽃으로 되어 튀고 작은 폭음과 같은 빠지직하는 소리가 들렸다.

이 실험은 여러 사람이 다양한 물질을 잡고 있을 때 전기력이 전달되는 모습을 분명하게 보여줄 수 있었기 때문에 많은 대중적인 흥미를 끌며 유럽을 비롯한 전 세계에서 다양한 형태로 재현되었다. ✎

스티븐 그레이
Stephan Gray
1666(추정)~1736

영국의 켄터베리에서 출생.

영국의 천문학자, 전자기학 연구의 선구자이다. 천문학에 관심을 가지고 오랫동안 천체를 관측하던 그는 말년에 전기 연구에 몰두 했다. 도체(導體)와 부도체(不導體)를 발견하였으며 전기는 표면을 통해 흐를 수 있는 유체(流體)라고 정의하고 이를 증명하기 위한 수많은 실험들을 시행하였다.

G.휠러와 공동으로 실험하여 전기적 성질을 먼 곳까지 인도하는 물체인 도체(導體)와 그렇지 않은 물체인 부도체(不導體)와의 구별을 분명히 하여 그것이 물체의 빛깔 등에 의한 것이 아니라 물체를 구성하는 물질의 속성이라는 사실과 인체(人體)도 도체인 사실을 밝혀내 전자기학 발전에 기여하였다.

전기의 극성(極性) 발견

뒤페의 전기 극성 실험

프랑스의 젊은 보병장교였던 뒤페(Charles François de Cisternay du fay)는 1733년 그레이의 실험을 더욱 체계적으로 확대해서 금속을 제외한 거의 모든 물질을 비벼서 전기를 발생시키는 데 성공했다.

뒤페는 다양한 물질들로부터 전기를 발생시킨 뒤 이를 종합하여 전기가 수지성(resinous)과 유리질(vitreous) 두 가지 종류가 있다고 주장했다. 유리병과 같은 유리성 물질을 마찰시켜 만든 전기는 호박과 같은 수지성 물질을 마찰시켜 만든 전기를 끌어당기고, 같은 종류의 전

뒤페

Charles-Francois de Cisternai Dufay
1698-1739

프랑스의 물리학자. 군인이었으나 자연과학 연구로 전향하여 파리 왕립식
물원장을 역임하기도 했다.

전기학의 기초를 개척한 사람이다. 전기와 자기를 연구, 금박검전기(金箔檢電
器)를 사용하여 전기에 2종류가 있다는 사실을 발견하고 각각 유리전기, 수
지(樹脂)전기로 명명하였다.

"모든 대전체(帶電體)는 모든 비대전체를 흡인하고, 그것에 전기를 주며, 이
어서 이에 반발한다"는 명제를 제시, 정전기(靜電氣)의 작용법칙을 개척하
였다. 나아가 물체의 전도성(傳導性)과 대전성(帶電性)과의 관계를 연구하고,
부도체를 절연체로 이용할 수 있음을 제시하였다. 이 밖에 인광(燐光)·복굴
절(複屈折) 등에 관한 연구도 있다.

기들은 서로 밀친다는 것이다. 전기의 극성[06]에 관한 뒤페의 발견은
후에 벤저민 프랭클린에 의해 수지성은 (-)전기, 유리성은 (+)전기로 이
름을 붙이게 된다.

---

06   도체에서 전기는 전하의 흐름에 따라 (+) 전기 특성을 가지거나 (-)전기 특성을 가지는데 이를 전
기의 극성(極性)이라 한다.

아베 놀레의 인체에 전기가 통하는지에 대한 실험 그림

한편 뒤페의 동료이며 계몽사조[07]기에 프랑스를 대표하는 전기학자인 아베 놀레(Abbé Nollet)는 이 두 가지 서로 다른 전기를 띤 물체에서 나오는 전기적 유체의 흐름이 서로 반대인 것을 실험적으로 보여주었다.

그는 그레이 실험과 비슷하게 소년을 명주 끈으로 매달았다. 다른 점은 소년의 손 가까이 작게 자른 얇은 금속 조각들을 탁자 위에 올려놓았다는 점이다. 만일 대전된 막대를 소년 몸에 댔을 대 손까지

---

07 16세기 말부터 18세기 후반에 걸쳐 유럽 전역에 일어난 사조로 시민계급의 대두와 자연과학의 발달을 배경으로 구 시대의 묵은 사상과 교회가 대표하는 구사상의 권위와 특권에 반대하여 인간적 합리적 사유와 자율을 제창한 혁신적 사상운동.

전기가 통한다면 바닥에 놓인 금속들이 튀어 올라 소년의 손에 붙을 것이다. 실행 결과 예상대로 소년에게 대전된 막대를 대면 금속박이 상에서 튀어 올라 그의 손에 붙었다. 구경꾼들은 이 모습을 보고 모두 놀랐다. 놀레 신부는 자신이 직접 전기를 느껴보고 싶었다. 그래서 동료 과학자를 수평으로 매단 후 같은 실험을 반복했다. 이때 놀레 신부는 자신의 손을 동료 얼굴에서 2~3cm 되는 곳에 가져갔다. 그러자 '빠직' 하는 소리와 함께 둘 다 핀으로 찔린 것 같은 따끔한 통증을 느꼈다. 캄캄한 방에서 실험을 되풀이한 결과 불꽃이 동료 과학자 얼굴에서 놀레 신부 손으로 튀는 현상이 관찰되었다.

'전기적 가치'의 존재와 성질은 단계적으로 명백해졌다. ✎

아베 놀레
Abbé Jean Antoine Nollet
1700~1770

프랑스 노아용(Oise) 근교 출생. 처음에는 성직에 종사하여 수도원장이 되었다가, 자연과학의 실험연구에 흥미를 느껴 1747년 삼투현상을 처음으로 발견하였다. 마찰전기도 연구하여 전위계를 제작하였다. 1750년 레오뮈르로부터 라이덴병(甁)의 보고를 듣고 이를 개량하여, 국왕을 비롯한 많은 사람 앞에서 공개적으로 실험하였다. '라이덴병'은 그의 명명에 의한 것으로 알려져 있다.

최초 전기를 저장한 라이덴병(Leiden Jar)

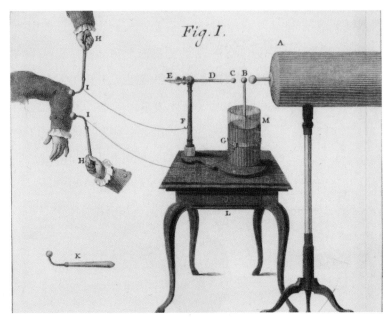

라이덴병 실험 그림

아주 오래 전부터 사람들은 번개 등을 통하여 전기의 위력을 알게 되었지만 그것을 필요한 때에 원하는 만큼 발생시켜 쓸 수는 없었다. 그런 바람으로 그저 정전기를 발생시키는 단계에서 전기를 저장 시킬 수 있는 지식을 추구하게 되었다.

전기저장에 대한 첫 번째 해결책은 1746년 네덜란드의 물리학자 피터 반 뮈센부르크에 의해 라이덴 대학교에서 우연히 발견되어 연구가 시작되었다. 뮈센부르크 교수의 친구였던 법률가 안드레아스 쿠에

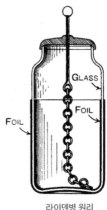
라이덴병 원리

네스는 다양한 전기실험을 구경하기 위해 뮈센부르크의 실험실에 들렀다. 실험은 병 입구가 넓은 큰 병을 물로 가득 채우고 그곳에 들어있는 전선을 대전된 유리병으로 접촉함으로써 전기를 띠게 하는 것과 관련이 있었다. 그때 쿠에네스는 삐죽 나온 전선을 만졌다가 저장된 전기 때문에 심한 충격을 받았다. 그는 이 사실을 친구에게 말했고 뮈센부르크는 1746년 1월 유리병이 아닌 빙빙 도는 커다란 공 가운데 하나로 전선을 통해 물병을 대전 시켜 최초의 전기저장 장치를 발명해 낸다. 이 실험이 네덜란드의 라이덴 대학에서 행해졌기 때문에 라이덴병이라고 불리게 되었다.

라이덴병은 유리병 안과 밖에 금속을 입히고 코르크와 같은 절연물질로 만든 뚜껑에 구멍을 뚫어 금속봉과 금속 사슬을 단 구조로 되어 있다. 금속봉을 내리면 사슬이 바닥에 닿고 금속봉을 올리면 사슬이 바닥에서 떨어지게 된다. 사슬이 바닥에 닿은 상태에서 봉을 정전기 발생장치로 대전시키면 병 안쪽이 대전되고 바깥쪽에는 반대극으로 대전된다.

이때 봉을 들어 올려 사슬이 바닥에서 떨어지게 하면 대전된 상태가 유지되면서 전기가 저장된다. 안과 밖이 반대 극으로 대전되어 서로 당기고 있으므로 전기가 새어 나가지 않고 저장되는 것이다. 라이덴병들은 절연과 저장조건에 따라 길게는 며칠 동안 전기를 보관할 수 있었다.

아베 놀레 라이덴병 실험 그림

전기가 필요할 때 '라이덴병'의 안과 밖을 연결하는 회로를 만들면 전기가 흐른다. 그리고 그 회로 사이에 사람이라도 끼는 날이면 그 사람은 강한 전기 충격을 받게 된다. 뮈센부르크 역시 실험 도중 직접 경험한 일이 있다. 그 여파가 얼마나 컸던지 그는 한참 후에도 "프랑스 왕국을 내게 준다 해도 그런 충격은 다시 받지 않겠다"고 말했다고 전한다. 그만큼 전기의 충격은 처음부터 사람들에게 대단한 공포의 대상이었고, 또한 그만큼 흥미를 자아내기도 했다. 유럽 전역에 '라이덴병'을 이용한 전기실험이 곡마단처럼 인기를 끌며 퍼져갔고 많은 사람들이 이 전기실험을 보여주고 다니며 생계를 꾸려갈 정도였다. 그 가운데 가장 후세에 이름을 날리게 된 '전기 곡예사'로는 프랑스의

경찰관들을 이용한 아베 놀레 라이덴병 실험

놀레 신부를 예로 들 수 있을 것 같다.

전기기술의 진지한 학생이던 아베 놀레는 180명의 경찰관이 그랜드 갤러리에서 서로 손을 잡아 커다란 원을 만들고 충전시킨 라이덴병을 연결하는 실험을 하여 180명의 경찰관들이 기묘하게 동시에 공중으로 뛰어오르는 장면을 연출했다. 놀레는 "각각 다른 제스추어를 취하는 많은 사람을 보고 놀란 사람들은 즉시 소리를 질렀다"라고 실험을 기술하고 있다. 이것은 그 당시에는 알 수 없었지만 전기가 빛의 속도로 진행한다는 명백한 증거를 보여주기도 한 실험이었다.

그 후에 유럽에서는 더 재미있는 전기실험을 하였다. 1747년 7월 14일에 영국의 물리학자들은 런던 의사당 근처의 웨스턴민스터 다리에 모여, 많은 사람들이 보는 앞에서 라이덴병 속의 전기가 폭이 400m나 되는 템스 강을 건너갈 수 있다는 것을 보여주기로 했다. 템스강 한쪽의 사람이 라이덴병을 들고 철사로 연결하여 강 반대쪽의 사람에게 전기쇼크를 주어 반대쪽 사람이 나가 떨어지게 했다. 이런 식의 재미있고 대중적인 과학실험을 통해 전기에 대한 관심은 점차 높아져갔다.

피터 반 뮈센부르크
Pieter Van Musschenbroek
1692~1761

네덜란드 라이덴 출생. 라이덴 대학에서 의학 전공, 뒤스부르크 대학 교수, 라이덴 대학 교수를 지냈다. 1746년 라이덴병을 발명하여 전기사용 역사에 기여했다.
이전까지의 전기적 지식은 정전기를 발생시키는 단계에 한정되었지만 이 발명이후 전기를 저장 시킬 수 있는 지식을 추구하게 되었다.

벤저민 프랭클린

미국 지폐의 프랭클린 초상화

전기에 대한 신비함과 놀라움은 18세기 초 유럽의 가장 똑똑한 지식인들을 열광시켰지만 다음의 전기적 진전은 북아메리카 영국 식민지에서 일어났다. 1744년 벤저민 프랭클린은 보스턴에서 매달린 소년의 전기 실험을 설명하는 것을 본 후 대단한 호기심과 지성으로 전기를 이해했고 특별한 전기적 특성을 알아내는데 목표를 둔 수백 가지의 실험을 집요하게 되풀이 하였다.

프랭클린은 자연의 비밀을 조금씩 벗겨가는 겸손한 경외감과 새로 발견된 기술에 대한 아찔한 기쁨 사이를 오고갔다. 그는 실험계획을 "우리는 저녁용 칠면조를 전기충격으로 잡고 전기등 앞에서 전기

연으로 전기실험을 하는 벤저민 프랭클린

로 요리를 할 것이다"라고 유쾌하게 설명하기도 했다. 하지만 프랭클린도 이전의 다른 과학자들처럼 번개가 단순히 전기의 대규모 충격이라고 추측하였다.

1752년 9월 프랭클린은 비단 손수건과 십자형 막대를 이용해 연을 만들었고 연의 가장 꼭대기에는 전도체 역할을 담당할 30cm 길이의 금속선을 붙였다. 바닥에는 삼 줄을 덧붙였고 손을 잡는 부분에는 절연이 되는 비단 줄로 연결하였다. 비단 줄과 삼 줄이 연결되는 곳에 금속열쇠를 달았다.

폭풍우가 세차게 불었을 때 프랭클린은 공중에 연을 날렸고 바람에 따라 연은 회색구름까지 높이 상승했다. 멀리서 번개는 어두워진

하늘을 가로지르며 찬란하게 흔들렸다. 이때 삼 줄의 느슨한 실이 전기를 띤 것처럼 솟아올랐고 프랭클린이 금속열쇠에 손가락을 갖다 대자 독특한 전기불꽃이 발생하였다. 실이 비에 젖게 되자 지나가는 번개로부터 나온 전기는 끊임없이 실을 따라 흘렀고 이를 라이덴병에 담아 보관하였다.

프랭클린의 이러한 실험으로 번개가 사람들이 정전기 발생기로 만든 전기와 같다는 사실을 알게 되었다. 프랭클린은 자신이 입증한 사실을 바탕으로

상트페테르부르크 실험 당시
전기충격을 받는 리치먼

피뢰침의 아이디어를 발전시켰는데 이 발상은 1753년에 발생한 비극적인 사건 때문에 곧 세상에 널리 알려지게 된다. 러시아의 상트페테르부르크에서 같은 실험을 하던 게오르그 리치먼(Georg Richman)이라는 교수가 벼락에 맞아 즉사했던 것이다. 사실 먼저 같은 실험을 했던 프랭클린은 무척이나 운이 좋았기 때문에 생명을 보전할 수 있었다. 번개가 직접 연을 때렸다면 이를 붙잡고 있던 프랭클린도 엄청난 에너지로 감전사 할 수 있었으나 다행히 그때 당시 흐르던 전류는 유도된 것으로 전류의 양이 적어 안전할 수 있었던 것이다.

이렇게 해서 프랭클린이 발명한 피뢰침은 널리 보급되었지만, 당시 미국과 영국은 사이가 아주 나빴고 영국 국왕은 미국 독립의 지도

땅 밑으로 전류를 흘러보내는 장치가 보이는 벤저민 프랭클린의 피뢰침 구조도

자였던 프랭클린을 몹시 미워했다. 그래서 피뢰침[08]도 프랭클린이 권장하는 대로 뾰족한 것을 쓰지 않고 뭉툭하게 생긴 것을 쓰도록 했다. 궁전이나 정부의 화약고 등에는 온통 뭉툭한 모양의 피뢰침이 달렸다.

국왕은 이에 만족하지 않고 왕립학회 회장으로 하여금 뭉툭한 피뢰침이 더 안전하다는 성명을 발표하도록 압력을 넣었다. 그러나 당시 회장인 존 프링글은 이를 거부하면서 다음과 같이 말했다고 한다.

"자연의 법칙은 폐하도 거스를 수 없습니다."

---

08 피뢰침 [lightning rod, 避雷針] : 끝이 뾰족한 금속제의 막대기로 천둥 번개와 벼락으로 인하여 생기는 건물의 화재·파손 및 인명 피해를 방지하기 위해 설치한다. 낙뢰(落雷)에 의한 충격 전류를 땅으로 안전하게 흘려보냄으로써 피해를 줄일 수 있으며, 주로 가옥의 굴뚝이나 건물의 옥상 등에 세운다.

일상화된 피뢰침(1820년)

한편 바다 건너 프랭클린은 그 얘기를 전해 듣고 이렇게 말했다고 한다.

"왕이 어떤 종류의 피뢰침이든 아예 안 썼으면 좋겠다고 생각한다. 왕 같은 인간은 그냥 벼락에 맞아 죽는 편이 낫기 때문이다."

1747년, 프랭클린은 '전기유기체설(electric fluid theory)'[09]을 발표했다. 프랭클린은 털로 문지른 2개의 호박이 서로를 밀어 낸다는 사실

---

09 전기를 보이지 않는 유체의 관점으로 보고 만약 물체가 가지고 있는 이런 유체가 과도하면 +전기, 모자라면 -전기로 보고 +에서 -로 전기의 흐름을 설명한 설이다. 지금은 잘못된 것으로 판명된 이론이다. 실제로는 과잉된 전자를 가진 -극성과 부족한 전자를 가진 +극성에 의하여 -극에서 +극으로 전자의 이동에 의하여 전류는 흐르는 것이다.

을 알아냈다. 비단으로 문지른 유리도 마찬가지였다. 그러나 호박과
유리는 서로 끌어당긴다는 사실도 관찰 하였다.

여기서 그는 서로 다른 두 종류의 전기가 존재한다는 사실을 알
수 있었다. 그때 당시는 이런 전기의 극성을 프랑스 과학자 뒤페에 의
하여 호박과 관련된 전기를 '수지전기', 유리와 관련된 전기는 '유리전
기' 라고 불렀다.

즉 전기유체(電氣流體)의 흐름에 의해 그것이 여분으로 있으면 (+)전
기가 되고, 모자라서 (-)전기가 된다는 것이다. 이것은 오늘날의 생각
과 상당히 가까운 것으로, 프랭클린은 '유리전기' 쪽을 '(+)전기', '수지
전기' 쪽을 '(-)전기'라고 이름을 붙였던 것이다.

현대과학에서 밝혀진 대로 원자에는 양전하를 띤 양성자와 음전
하를 띤 전자가 같은 수 만큼 들어있어 전기적으로 중성이지만, 두 물
체를 마찰시키면 한쪽으로 전자가 이동하여 전자가 많으면 음전하, 전
자가 부족하면 양전하를 띠게 된다. 이러한 원리가 정확하게 적용된
명칭은 아니지만 프랭클린의 영향으로 두 가지 전기는 양전하(+)와 음
전하(-)로 정해지게 되었고 현재까지 사용하고 있다. ✎

벤저민 프랭클린
Benjamin Franklin
1706~1790

미국 최고의 과학자, 발명가, 외교관, 저술가, 비즈니스 전략가.

아버지가 경영하는 양초와 비누 제조업을 돕다가 형이 경영하는 인쇄소에서 〈뉴잉글랜드 커런트(New England Courant)〉지(紙)의 발행을 도왔다. 1729년 〈펜실베이니아 가제트(Pennsylvania Gazette)〉지의 경영자가 되었고, 펜실베이니아대학교의 전신인 필라델피아 아카데미의 창설, 도서관의 설립, 미국철학협회의 창립 등 폭넓은 교육문화활동에도 전념하였다.

자연과학에도 관심을 가져 지진의 원인을 연구해서 발표하는가 하면, 고성능의 프랭클린 난로, 피뢰침을 발명하기도 하였다. 1752년 연(鳶)을 이용한 실험을 통하여 번개와 전기의 방전은 동일한 것이라는 가설을 증명하고, 전기유기체설(電氣有機體說:electric fluid theory)을 제창하였다.

1776년 독립선언 기초위원에 임명되었다. 그는 평생을 통하여 자유를 사랑하고 과학을 존중하였으며 공리주의(功利主義)에 투철한 전형적인 미국인으로 일컬어진다.

저서로는 『가난한 리처드의 달력(Poor Richard's Almanac)』등이 있다.

갈바니의 동물전기

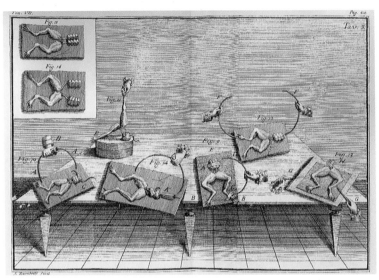

실험을 앞둔 개구리 다리와 구리판

이탈리아의 생물학자로 볼로냐 대학의 해부학 교수였던 갈바니 (Luigi Galvani)는 자신의 의도와는 달리 전기에 관한 연구에 크게 기여하게 되었다. 1737년에 이탈리아의 볼로냐에서 태어난 갈바니는 신학을 공부한 후 수도원에 들어가려 했지만 아버지의 설득으로 볼로냐 대학에서 의학을 공부했다. 의학을 공부하면서 과학도 함께 공부한 그는 1759년에 의학학사 학위와 철학학사 학위를 같은 날 받았다. 1762년에 의학박사 학위를 받은 그는 볼로냐 의과대학의 해부학 교수가 되었고, 동시에 자연과학 교수가 되었다.

갈바니는 많은 실험을 통해 명성을 쌓아갔지만 그를 유명하게 만든 것은 1786년에 했던 개구리 해부 실험이었다. 갈바니는 죽은 개구리 다리에 전기를 흘려가면서 개구리 다리가 움직이는 것을 관찰하고 있었다. 어느 날 우연히 해부용 나이프를 개구리 다리에 대기만 했을 뿐 전기를 통하지 않았는데도 개구리 다리가 움직이는 것을 발견했다. 갈바니는 개구리를 구리판 위에 놓거나 구리철사로 매단 후 철로 만든 물질이 다리에 닿기만 해도 죽은 개구리의 근육이 움직인다는 것을 알아냈다. 그는 또한 비가 오고 천둥과 번개가 치는 날에 철로 만든 갈고리에 꿰어 공중에 매달아 놓은 개구리의 다리가 움직이는 것도 발견했다.

갈바니는 이 현상을 정리하여 1791년에 「전기가 근육운동에 주는 효과에 대한 고찰」이라는 제목의 논문을 발표했다. 이 논문에서 갈바니는 동물의 근육은 '동물전기'라고 부르는 생명의 기(氣)를 가지고 있다고 주장하고 동물전기는 금속으로 근육이나 신경을 건드리면 작용한다고 주장했다. 그는 동물의 뇌는 동물전기가 가장 많이 모여 있는 곳이며 신경은 동물전기가 흐르는 통로라고 믿었다. 그는 또한 신경을 통한 전기 유체의 흐름이 근육을 자극하여 근육이 움직이게 한다고 설명했다. 이런 사실이 알려지자 많은 사람들이 개구리를 가지고 실험을 하기 시작했다.

검류계
(갈바노미터)

루이스 갈바니

Luigi Galvani
1737~1798

이탈리아의 해부학자. 이탈리아 볼로냐 출생. 고향 대학에서 의학을 공부했다. 1762년 볼로냐 대학 교수가 되었다. 해부실험 중 개구리의 다리가 기전기(起電機)의 불꽃이나 해부도(解剖刀)와 접촉할 때 경련을 일으키는 것을 발견하고 '동물전기(動物電氣)'의 존재를 주장하였다. 1791년 발표한 갈바니 전기에 관한 논문은 당시의 학계에 큰 자극을 주었으며, 전기생리학·전자기학·전기화학 발전의 계기가 되었다.

　　당시 갈바니는 이것이 동물에서 발생한다고 생각하고 동물전기라고 불렀지만, 실상 전기는 쇠와 구리가 접촉해서 발생하는 '금속전기'였으며, 개구리는 이 실험에서 단지 검출기 역할만을 했었다. 이 실험으로 그의 이름이 검류계(갈바노미터;galvanometer)[10]로 사용되고 있다. ✒

10　비교적 큰 전류의 크기를 측정할 때는 전류계를 사용하지만, 전기회로의 매우 작은 전류, 전압, 전기량을 측정할 때는 검류계를 이용한다. 검류계는 크게 직류용과 교류용으로 구분된다. 직류용 검류계는 강한 자석의 자극(磁極) 사이에 가동코일을 달아, 코일에 작은 전류가 흐를 때 코일에 힘이 가해져 한쪽으로 치우치는 것으로 전류의 유무를 측정한다. 이 때문에 가동코일형 검류계라고도 한다. 비교적 간단하게 사용할 수 있는 지침형(指針型) 검류계가 대표적이며, 가동코일에 장치한 평면거울에 반사되는 빛의 위치를 관측하여 전류를 검출하는 반조형(反照型) 검류계도 있다.

최초의 전지를 발명한 볼타

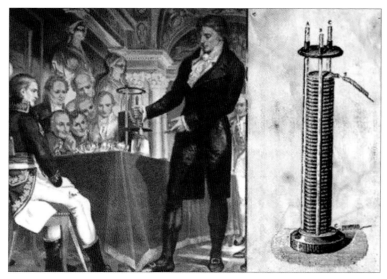

볼타전지

갈바니가 발견한 동물전기를 올바로 이해하여 전지를 발명한 사람은 갈바니와 가깝게 지냈던 파비아 대학의 볼타(Alessandro Guiseppe Antonio Volta)였다.

갈바니보다 8년 늦은 1745년에 이탈리아에서 태어난 볼타는 네 살이 될 때까지도 말을 할 줄 몰라 그의 부모는 그가 다른 아이들보다 발육이 느린 아이라고 생각했다. 그러나 일곱 살 이후에 볼타는 다른 아이들보다 오히려 지능이 더 빨리 발달했다. 볼타는 정규 대학교육을 받지 않았지만 그가 열여덟 살이 되었을 때에 이미 전기 분야에서 명성을 떨치고 있던 유럽의 학자들과 교류했다. 그는 프랑스의 놀레(Jean-Antoine Nollet)와도 교류했는데 놀레는 그의 전기 연구에 많은 도움을 주었다. 전기에 대한 연구로 명성을 얻은 볼타는 스물여덟 살

전지를 발명한 볼타

이 되던 1774년에 코모 국립학교의 감독관이 되었고, 곧 파비아 대학의 실험물리학 교수가 되었다.

1791년 갈바니가 발표한 동물전기에 대한 논문을 읽은 후 볼타는 개구리 다리의 근육이 동물전기에 의해 움직였다는 갈바니의 설명에 의심을 품게 되었다. 그는 개구리 다리를 이용한 전기 실험을 여러 각도로 다시 해 보았고, 곧 이상한 사실을 발견했다. 개구리 다리의 한 쪽을 구리판에 대고 다른 쪽에 철로 된 칼을 대면 개구리 다리가 움직이지만 양쪽에 같은 종류의 금속을 대면 개구리 다리가 움직이지 않는다는 것을 발견한 것이다. 그래서 그는 개구리 다리에 흐른 전류는 개구리 다리에서 생긴 것이 아니라 두 가지 서로 다른 금속 때문에 생긴 것이 아닌가 하는 생각을 하게 되었다.

갈바니와는 달리 동물의 생리학적 현상보다는 전기 자체에 더 많은 관심을 가지고 있던 볼타는 '갈바니전기'를 생명현상으로 취급될 것이 아니라 그 기원은 물질에서 찾아야 한다는 것을 통찰하였다.

1800년 볼타는 소금물에 푹 젖은 구리 원반과 아연 원반을 교대로 위로 쌓아 조립하고 실험을 하였다. 이들 원반이 서로 접촉하는 내내 구리는 염분에 푹 젖은 천에 전자들을 잃었고, 아연은 똑같은 천에 전자들을 얻었다. 아연이 용해됨에 따라 수소가스가 구리 표면에서 만들어졌다. 결과적으로 전하(電荷)는 전선을 따라 규칙적으로 흘러나갔다. 이 전기 화학적 반응은 인공적인

볼타 전지

전류를 최초로 발생시켰다. 이것은 정전기 발생기나 라이덴병과 대조적으로 연속적이고 규칙적인 전하를 전달할 수 있는 최초의 원시적 전지가 되었다.

1800년 6월 26일 이 실험의 결과를 영국 왕립협회에서 낭독했고 당대 사람들은 볼타전지를 "망원경이나 증기기관을 포함해 지금까지 인간의 손에서 나온 것 가운데 가장 훌륭한 도구"라고 선언했다.

볼타가 발명한 전지는 많은 사람들로부터 좋은 평판을 받아 유럽 전역에 볼타의 이름을 알렸다. 1801년에는 파리로 가서 나폴레옹 황제 앞에서 볼타전지를 발명하게 된 실험들을 재현하고 볼타전지를 이용하여 물을 전기 분해하는 실험을 하기도 했다. 이 실험으로 그는 많은 상금과 훈장을 받았고, 1810년에는 백작의 작위까지 받았다.

볼타전지의 발명은 마찰에 의해서가 아니라 화학적 방법으로 전기를 발생시킬 수 있게 되었다는 것을 뜻한다. 화학적 방법으로 전기를 발생시키는 볼타전지는 훨씬 안정적으로 많은 전기를 발생시킬 수 있었기 때문에 전기를 이용한 여러 가지 실험연구에 큰 도움을 줄 수 있었다. 1800년대 이루어진 대부분의 전기 실험들은 볼타전지가 있었기 때문에 가능했다. 그 뿐만 아니라 볼타전지의 발견은 화학분야의 발전에도 크게 기여하게 되었다. 영국의 화학자였던 험프리 데이비는 1803년에 볼타전지를 이용하여 전기분해에 의해 알칼리 및 알칼리 토금속을 분리하는데 성공했고, 1807년에는 칼슘, 스트론튬, 바륨, 마그네슘을 분리해 냈다. ✎

| 볼타전지의 원리 |

볼타 전지는 아연판과 구리판을 번갈아 쌓고, 판 사이에 소금물을 적신 천을 끼워 넣은 형태이다

볼타전지가 작동하는 원리는 전자를 내놓으려는 정도가 다른 두 금속을 이용한 것
이다. 서로 다른 두 종류의 금속을 전자가 이동하면서 반응을 일으킬 수 있는 용액
과 접촉할 수 있는 상태에 두면 화학반응이 일어나 두 금속 사이에 전자의 흐름을
만들 수 있는 힘이 생기게 되고 이때 도선을 통해 반응성이 큰 금속에서 반응성이
작은 금속으로 전자가 이동되어 전류가 흐르게 된다.

알렉산드로 볼타
Alessandro Volta
1745~1827

이탈리아 코모 출신의 물리학자, 화학자이다. 고향의 왕립 학원을 졸업 후 1764년 모교의 물리학 교수, 1774년 파비아 대학 물리학 교수를 역임했다. 1776년 기체의 성질 특히 메탄에 대해 연구하였고, 1769년 최초의 논문은 「전기불의 인력에 대하여」였다. 이어서 1775년 전기 항아리 장치를 설명하고, 1782년 검전기와 축전기에 연결해서 미량의 전기를 검출하는 방법 고찰, 1792년 전압열(電壓列)을 만들었다. 또한 두 금속의 단순한 접촉에 의해 반대 전기를 발생시켜 접촉 전기설을 설명하여 갈바니의 전기 이론을 번복했다.

1800년 볼타 전지를 발명하였다. 이탈리아 전쟁 시 나폴레옹의 인정을 받고, 1801년 파리로 초청되어, 프랑스 학사원에서 전기 실험을 하고 금메달을 받았다. 게다가 백작 작위를 받아 이탈리아 원로원 의원, 왕립협회 회원으로 추대되었다. 이와 같은 공로로 전압의 단위 볼트는 그에 이름에서 명명되었다.

전자기 법칙들의 발견

invention

$$F = \frac{kq_1q_2}{r^2}$$

쿨롱 법칙의 발견

프랑스 물리학자 쿨롱

전기와 자기에 관하여 체계적이고 실험적인 방법을 통하여 세상에 첫 선을 보인 영국의 과학자 윌리엄 길버트 이후로 17세기말 서양 과학자들 사이에 정전기 현상에 대한 관심이 매우 높아졌다. 이 시기에 영국의 아이작 뉴턴(Isaac Newton)은 물체의 운동을 포함한 역학을 연구하여, 고전역학의 체계를 확립하게 된다.

1687년에 출판된 뉴턴의 『자연철학의 수학적 원리』에서 "두 물체 사이에는 각각 질량의 곱에 비례하고 거리의 제곱에 반비례하는 힘이 작용 한다" 라는 만유인력 법칙을 발표하였다. 그러나 전기를 띤 물체인 대전체(帶電體) 사이의 힘에 관한 연구는 1767년까지 별다른 성과를 거두지 못하였다.

1739년 스티븐 그레이는 마찰 전기 연구 과정에서 구(球)도체에 전하(電荷)를 대전시켜 주면, 전하는 구 도체 표면에만 분포하고 구 도체 내부에는 존재하지 않는다는 사실을 알아냈다. 그리고 1755년 프랭클린은 은으로 만든 그릇을 대전시켜서, 그릇 안쪽에는 전하가 없으며 스티븐 그레이의 결과와 마찬가지로 그릇 표면에만 전하가 존재한다는 사실을 밝혀냈다.

이 실험은 프랭클린의 요청으로 영국의 화학자인 프리스틀리(Joseph Priestly)가 다시 시도하여 1766년에 금속 그릇을 가지고 여러 실험을 한 후 결과들을 정리하여 1년 뒤인 1767년에 다음과 같은 사실을 발표 하였다. "속이 빈 금속 그릇이 전기를 띠게 되었을 때, 그 그릇 내부에 있는 물체에는 어떠한 전기적인 힘도 작용하지 않는다". 프리스틀리는 또한 전기의 끌어당기는 힘은 뉴턴의 만유인력과 같은 형태를 따르며, 따라서 "대전된 물체 사이에는 거리의 제곱에 반비례하는 힘이 작용한다"고 추론 하였다. 1773년에 영국의 물리학자 캐번디시(Henry Cavendish)는 정교한 실험 장치로 속이 빈 도체를 대전시키면 전하는 도체 표면에만 존재하고, 도체 속에는 전하가 존재하지 않는다는 것을 확인했다. 이러한 사실은 전하 사이에 적용하는 힘은

프리스틀리의 전기실험

전하 사이의 거리의 제곱에 반비례해야 된다는 것을 설명하고 있다. 그러나 캐번디시는 이 연구를 세상에 알리지 않아서 자신의 연구 업적으로 인정받지 못했다.

전기를 띤 물체 사이에 작용하는 힘의 법칙은 프리스틀리의 추론에 영향을 받은 많은 과학자들이 실험으로 밝혀내고자 노력한 이후 결국 1785년 프랑스 물리학자 쿨롱(Charles Augustin Coulomb)에 의해서 법칙으로 완성되었다. ✐

프리스틀리
Joseph Priestley
1733~1804

영국의 신학자, 철학자, 화학자. 1733년 3월 13일 영국 버설 필드헤드 출생. 1771년 물의 조성을 처음으로 발견하였다. 수소 기체와 산소 기체를 혼합하고 전기 스파크를 일으키면 물이 생성되는 것을 알아내었다. 1772년 탄산가스를 이용하여 소다수를 발명하고, 뒤이어 기체를 물 또는 수은 위에서 포집(捕集)하는 장치를 고안하였으며, 일산화질소·암모니아·염화수소·이산화황·플루오르화 규소 등을 발견하였다.

1794년 미국으로 이민하여 펜실베이니아 주 노섬벌랜드에 정착하였다. 프랭클린을 만나 그의 영향으로 과학에 흥미를 가지게 되어, 1767년에 『전기의 역사 : The History and Present State of Electricity』를 저술하였다.

캐번디시

Henry Cavendish

1731~1810

프랑스 니스에서 출생.

1753년 영국 케임브리지 대학교를 졸업 후, 특히 기상학에 흥미를 가지고 있었으며 1784년 논문 「공기에 관한 여러 실험」에서는 공기의 구성성분에 흥미를 가지고, J.프리스틀리가 발견한 산소가스에 수소가스를 가해서 전기불꽃으로 화합(化合)시켜 물방울을 만들어, 고대 그리스 이래 원소(元素)라 생각되었던 물이 화합물이란 것을 입증하였다. 또 1785년 질소가스와 산소가스가 전기불꽃에 의해서 질산이 된다는 것도 알아냈다.

1785년에 발표된 쿨롱의 법칙을 1772~1773년 사이에 발견했고, 옴이 1826년에 발견한 옴의 법칙을 옴보다 45년 먼저 앞선 1781년에 발견했다.

쿨롱의 실험

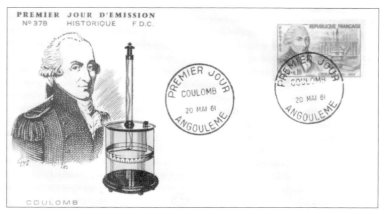

PREMIER JOUR D'EMISSION
Nº 378   HISTORIQUE   F.D.C.

COULOMB

쿨롱과 비틀림 저울이 그려진 우표

쿨롱은 비틀림 저울을 이용해 금속선의 탄성과 비틀림을 연구했다. 그러던 중 전하를 띤 물체 사이에 작용하는 힘과 자석과 자석 사이에서 작용하는 인력(引力)과 반발력을 측정해 '쿨롱의 법칙'을 발견해냈다.

쿨롱은 실험을 통하여 반발력의 힘을 측정하기 위하여 비틀림 저울을 사용하였다. 비틀림 저울은 은실에 매달린 가벼운 절연 수평막대의 한쪽 끝에 대전된 금속구 A를 달았고 다른 쪽 끝에 균형을 잡은 가벼운 추를 매달아 놓았다. 밑부분은 유리원통으로 되어 있으며, 유리면에는 눈금이 새겨져 있다. 원통 유리 안에 실험 장치를 꾸민 것은 공기의 움직임을 가장 적게 하고, 공기의 움직임에 따른 대전구의 방전량을 최대한 작게 하려고 한 것이다.

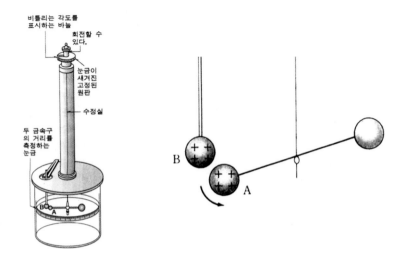

　금속구B에 A와 같은 종류의 전하를 띠게 한 후 금속구B를 A에
가까이하면 금속구A가 밀어내는 힘을 받게 되며 절연 수평막대가 회
전하게 된다. 이때 연결된 은실이 비틀리게 되는데 은실에는 비틀림
탄성이 있으므로 힘에 비례하는 만큼 구가 돌아가게 된다. 이때 비틀
어져 있는 각도와 두 구 사이의 거리를 측정하면 거리와 힘의 관계
를 알 수 있다.

　쿨롱은 똑같은 금속 구를 여러 개 만들었다. 구 하나를 정전기 발
생장치로 대전 시키고 대전되지 않은 구를 접촉하면 두 구는 전하를
반씩 가지게 될 것이다. 또 1/2전하를 가진 구를 대전되지 않은 구와
접촉하면 1/4 전하를 가진 구를 만들 수 있었고 이러한 방식으로 다
양한 전하량을 가진 구를 만들어 실험할 수 있었다.

쿨롱은 이와 같이 다양한 전하량을 가진 구를 만들고 두 전하 사이를 2배, 3배, 4배로 늘리면서 전하가 밀어내는 힘을 조사하여 "두 전하 사이에 작용하는 힘은 두 전하량의 곱에 비례하고 이들 사이의 거리의 제곱에 반비례 한다" 라고 발표하였다.

또한 쿨롱은 1787년 자석을 이용한 동일한 실험을 통하여 정전기의 힘과 마찬가지로 자극사이의 힘이 거리의 제곱에 반비례한다는 사실도 발견하였다.

쿨롱
Charles Augustin de Coulomb
1736~1806

프랑스 앙굴렘(Angouleme)에서 출생한 물리학자이다.
어릴 때부터 수학에 재능이 뛰어나 과학자를 지망하였고, 1760년 군에 들어가 기술 장교로 복무 하였으나 군대를 그만두고 과학 연구에 전념하였다. 그의 주된 업적은 전기와 자석과의 관계에서 '쿨롱의 법칙'을 발견한 것이며, 전기량의 단위에 그 이름이 '쿨롱'으로 기념되고 있다. 저작은 주로 마찰의 법칙에 관한 연구, 도체 표면에서의 전기 분포의 연구, 대전체와 자극(磁極) 사이에 작용하는 힘에 관한 실험적 연구 등이 있다.

이것은 전기로 발생하는 모든 현상을 설명하는 기본이 되었고 전자기학의 정량적 연구의 계기가 되었다. 위 실험 결과를 식으로 나타내면 다음과 같다.

$$F = \frac{kq_1q_2}{r^2}$$

F=힘, Ke=쿨롱 상수, q_1 · q_2=전하의 크기, r=두 전하 사이의 거리

두 전하의 부호가 같으면 밀어내고, 다르면 끌어당긴다.

프리스틀리의 연구 이후에 정전기학(electrostatics)[01]은 영국의 물리학자인 캐번디시와 쿨롱의 공헌으로 실험적으로나 이론적으로 많은 진보가 있었는데, 이것을 이론적으로 수학적 체계를 완성하는 데는 수학자인 푸아송(Simeon Denis Poisson, 1781~1840), 그린(George Green, 1793~1841), 가우스(Carl Friedrich Guass, 1777~1855)등이 지대한 공헌을 하였다.

특히 푸아송이 1813년에 발표한 '푸아송 식과 전하 보존의 법칙'은 사실상 정전기학의 모든 법칙이 포함되어 있다. 정전기학이 끊임없이 진보되어 가는 동안 정전기학의 기본 법칙들이 보다 명확하게 요약되어 발표 되었으며 동시에 흐르는 전기(전류)의 연구, 즉 동전기학(Dynamic Electricity)[02]이 생겨나게 되었다. ✗

---

01 대전된 물체에 의한 전기장이 변하지 않을 때 물리학을 다루는 학문.
02 전기회로 가운데 정상전류나 전기장 또는 자기장에서 전기를 띤 입자의 운동을 연구하는 학문.

푸아송

Simeon Denis Poisson

1781~1840

프랑스 에콜 폴리테크니크 출신으로 라그랑주, 라플라스에게 배웠으며, 1802년 푸리에의 후임으로 모교 교수가 되었으며, 1809년 소르본대학 교수가 되었다.

수학·응용수학의 넓은 분야에 걸쳐 업적이 있으며, 정적분·미분방정식론을 연구하여, 1813년 퍼텐셜 개념을 도입하였는데, 이와 관련하여 '푸아송 방정식'은 잘 알려져 있다.

그 밖에 변분법(變分法), 푸리에급수, 확률론의 연구, 물리학에 대한 응용면에서의 열학(熱學), 모세관 현상, 전자기장론(電磁氣場論), 인력론(引力論) 등의 연구가 있다.

외르스테드의 전류에 의한 자기 효과

덴마크의 물리학자 외르스테드

O 어지는 19세기는 고전 전자기학에 있어서 가장 찬란하고 학
문적인 체계를 꽃피운 시기이다. 전자기에 대한 여러 현상들
을 발견하고 이를 응용한 업적들은 인류의 문명을 급속히 발전시키
는데 크게 이바지 하였다. 19세기 전자기학의 중요한 전환점은 이전
까지는 독립적인 현상으로 여겨왔던, 전기와 자기의 연관성을 밝혀냈
다는 것이었다.

덴마크의 물리학자 외르스테드(Hans Christian Oersted)는 자기와 전
기와의 관계를 확립하기 위하여 여러모로 분투했다. 1813년 기록된

외르스테드
Hans Christian Oersted
1786~1853

덴마크의 물리학자. 코펜하겐 대학출신으로, 코펜하겐 대학 교수에 취임하여 물리학과 화학을 강의하였다.

연구를 통해 염화알루미늄 제조에 성공했으며, 이 발견은 뵐러에 의한 금속알루미늄 제조의 기초가 되었다. 1820년 외르스테드의 법칙을 발견 하였고, 이 법칙은 아라고, 앙페르, 패러데이, 베버 등이 전자기학을 이루는 단서를 열었다. 자연과학 진흥에 힘써 코펜하겐공과대학을 설립하고, 과학 보급운동에 공헌 하였다.

그의 저서에 "전기가 잠재 단계에서 자석 그 자체에 대해 어떤 작용을 하는지 알아보려고 노력했다"라고 기록하고 있다.

그로부터 7년 후 외르스테드는 흔들리는 나침반 바늘을 빈틈없이 관찰함으로써 오랫동안 찾던 단서를 우연히 발견하였다. 그는 나무로 된 실험실 탁자에 자그마한 볼타전지를 설치하였다. 전류를 이용해 백금선을 가열시키려는 의도로 대전된 전선을 들어 올렸다. 하지만 그가 전선을 갖다 대려고 했을 때 나무 책상 위에 있던 자침이 심하게 흔들리는 것을 알게 되었다. 다시 전선을 나침반 위와 그 둘레로 움직이자 바늘은 마치 자석에 반응하는 것처럼 대전된 전선에 대해

직각으로 움직였고 그가 전기의 흐름을 바꾸었을 때 그 바늘은 반대 방향으로 움직였다. 전류는 자체적인 자기장을 만들고 이로부터 힘을 만들어 낸다는 것을 발견한 것이다.

1820년 외르스테드는 전자기에 대한 자기의 발견을 「자기바늘에 대한 전류 영향의 실험」이라는 제목의 논문으로 발표하였다. 외르스테드가 전류의 자기작용에 대한 현상을 발표한 후 이러한 전류의 자기현상에 착안하여 프랑스의 물리학자이며 화학자인 아라고(Arago)와 게이 뤼삭(Gay Lussac)은 철 조각에 도선을 감아 도선에 전류를 흐르게 하면 철이 자화됨을 발견하여 전자석 발명의 토대를 마련하였다.

또한 프랑스 물리학자 비오(Jean Baptiste Biot)와 사바르(Felix Savart)는 외르스테드의 결과를 분석하여 전류 흐름에 의한 자기효과를 수식화 함으로서 전류가 흐르는 도선 주위의 임의 공간에서 자기의 크기를 계산할 수 있도록 하였다. 이를 '비오-사바르 법칙[03]'이라 하는데 이는 전기장에서 쿨롱의 법칙과 대응되는 법칙이다.

프랑스 물리학자인 앙페르(Andre Marie Ampere)는 외르스테드의 실험을 토대로 자기 힘의 방향을 나타내는 '오른나사의 법칙[04]'과 자기

---

03 정상전류가 흐르고 있는 도선 주위의 자기장의 세기를 구하는 법칙이다. 이 법칙을 이용하면 도선 밖의 한 점에서의 자기장의 세기는 회로 안의 작은 면적의 자기장의 벡터합으로써 구할 수 있다.
04 전류가 흐르는 도선 주위에 형성되는 자기장의 방향과 이때의 전류 방향은 서로 평행한 방향을 가리킬 수 없다. 만일 전류가 직선으로 흐르면 자기장은 그 주변에 원형으로 생긴다. 이 두 방향 사이에는 오른나사의 회전방향과 진행방향 사이의 관계와 동일한 관계가 있다. 흐르는 직선 전류의 방향을 오른나사의 진행방향에 대응시켰을 때, 주변에 형성되는 자기장의 방향은 이때의 오른나사의 회전방향에 대응된다. 이러한 대응 관계를 '오른나사의 법칙'이라고 한다.

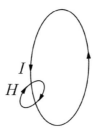

앙페르의 주회 적분의 법칙(H: 자계의 세기 I : 전류)

힘의 세기와 전류 사이의 관계를 밝힌 '앙페르의 주회 적분의 법칙[05]'을 발표했다.

앙페르는 두 전류 사이에 작용하는 힘은 만유인력 법칙과 마찬가지로 거리의 제곱에 반비례하고 각각의 전류의 세기에 비례한다는 것을 보여주었다. 그리고 이때 작용하는 전류 방향에 따라 끌어당기는 힘과 밀어내는 힘이 있음을 밝혀냈다. 앙페르의 이러한 공적을 인정하여 1948년 제9차 국제도량형총회에서 암페어(ampere)를 전류를 측정하는 데 사용하는 기본 단위로 채택하게 되었다. ✁

---

05 원둘레 위 임의의 점에서의 자계의 세기를 H라 하면 이 원둘레에 있어서의 선 적분은 이 원둘레 내를 가로 지르는 전(全) 전류와 같다고 하는 법칙. 즉 임의의 폐회로를 따라 자계를 적분함에 따라 얻어지는 기자력은 폐회로를 관통하는 전체 전류와 같다는 법칙이다.

앙페르
Andre Marie Ampere
1775~1836

프랑스의 물리학자·수학자. 프랑스 리옹에서 출생.

1802년 에콜상트랄에서 물리학 및 화학 교수가 되었고 1819년 파리 대학의 철학 교수, 1824년 콜레주 드 프랑스의 물리학 교수로 선임되었다.

초기에는 수학자로 알려졌고 1920년 이전에는 화학연구에 심취하였다. 1920년 덴마크의 외르스테드가 전류가 자석에 힘을 미친다는 것을 발견했는데 앙페르는 이것을 단서로 곧 실험에 착수했다.

그는 전류가 흐르는 도선 사이에 힘이 작용하는 것을 발견하고 이것을 수학적으로 설명하여 전류와 자기에 관한 '앙페르 법칙'을 발표했다.

전기역학에 관한 수학적 연구는 1827년 『전기역학적 제(諸)현상에 관한 수학적 이론집(Mmoire Sur la thorie mathmatique des phnomnes lec-trody-namiques uniquement dduite de l' exp-rience)』으로 발간되었다. 또 칸트의 영향을 받은 과학분석론, 과학철학은 1936년 『과학철학시론(Essai Sur la Philosophie des sciences)』으로 발간되었다.

옴(Ohm)의 법칙

옴의 법칙을 발표한 옴

전류와 그 전류를 만드는 전위 차이의 관계를 처음으로 연구한 사람은 영국의 유명한 물리학자인 캐번디시이다. 1781년에 그는 라이덴병과 소금물로 채워진 유리관, 그리고 자기 몸을 이용해서 전기 회로를 구성한 후, 실험 조건을 변경해 가면서 스스로 느끼는 전기적 충격을 주의 깊게 기록하였다. 그리하여 전위 차이는 전류에 거의 정비례한다는 사실을 처음으로 알아내었지만 그것을 출판하거나 다른 과학자들에게 알리진 않아서, 1879년에 맥스웰(James C. Maxwell)이 공식적으로 소개하기 전까지는 다른 이들이 그의 연구를 알지 못했다. 그러나 약 반세기의 세월이 흐른 뒤인 1827년, 독일의 과학자 옴(Georg S. Ohm)이 소책자 「수학적으로 조사한 갈바니 회로」를 통해 '옴의 법칙'을 발표하면서 세상에 알리게 됐다.

옴은 다양한 길이와 재질을 가지는 여러 도선들에 흐르는 전류를 측정하기 위해 셀 수 없이 많은 실험을 하였다. 그는 실험 결과를 종합하여 전위 차이와 전류는 정비례한다는 결론을 얻었다. 그의 결과를 수식으로 쓰면 다음과 같다.

$$V=IR$$

V=전위 차이, I=전류, R=도선의 저항

그러나 이 당시 독일 사회에서는 헤겔철학[06] 사조로 인해 실험을 통한 경험보다는 철학을 우위로 두어 이론적인 개념이 올바르게 갖춰져야 한다는 주장으로 다른 과학자들의 매우 신랄한 비판과 냉대를 받게 되었다.

이 영향으로 옴은 교수직을 사임하고 뉘른베르그 폴리테크닉의 물리교사가 되었다. 그러나 영국을 중심으로 연구의 중요성을 인정받아 1841년 영국 왕립학회 최고 영예인 코플리 메달(Copley Medal)[07]을 받았고 1849년 꿈에 그리던 뮌헨대학의 물리학교수가 되었다. ✐

---

06   헤겔(Georg Wilhelm Friedrich Hegel)은 관념론 철학의 완성자이며 집대성자라 할 수 있다. 칸트에 의해서 시작된 관념론 철학은 여러 철학자들을 거쳐 헤겔에 이르게 된다. 헤겔은 칸트의 관념론적인 이성을 확대하여 관념론 철학을 확대하여 완성의 단계에 이르게 된 것이다. 그에 이르러 관념론 철학은 국가적인 철학으로 인정받게 되었다.
07   영국 왕립학회에서 매년 과학 분야에서 뛰어난 업적을 이룬 과학자에게 수여하는 상으로 1731년 스티븐 그레이에게 최초 수상 후 현재까지 수상되고 있음.

옴

Georg Simon Ohm

1789-1854

독일의 물리학자. 독일 에를랑겐(Erlangen) 출생. 에를랑겐대학에 입학했으나 가난 때문에 학업을 중단하였다가 교사를 하면서 1811년 학위를 받았다. 1826년 베를린에서 실험에 전념, '옴의 법칙'을 풀이한 논문을 발표하였고, 1833년 뉘른베르크대학 교수가 되었다. 1841년 영국 왕립학회는 최고의 영예인 코플리 상을 수여했다. 전기저항의 단위 '옴'은 그의 이름에서 연유한다.

맥스웰

Maxwell, James Clerk

1831 ~1879

영국 에든버러 출신. 에든버러대학과 케임브리지대학에서 수학 후, 애버딘대학과 런던의 킹스 칼리지 교수를 역임했다. 패러데이의 고찰에서 출발하여 유체역학적 모델을 써서 수학적 이론을 완성하고, 유명한 전자기장의 기초방정식인 맥스웰방정식을 도출하여 그것으로 전자기파의 존재에 대한 이론적인 기초를 확립했다. 1873년 전자기파의 전파속도가 광속도와 같고, 전자기파가 횡파라는 사실도 밝힘으로써 빛의 전자기파설의 기초를 세웠다.

줄(Joule)의 법칙

전기의 저항과 전류의 관계를 식으로 만든 줄

1827년 열역학의 금속 열전도 현상에 관한 연구 경험을 바탕으로 전류와 열과의 관계는 1841년 줄(James Prescott Joule)에 의해서 이론적으로 공식화 되었다. '줄의 법칙'은 전기에서 회로의 저항이 전기 에너지를 열 에너지로 변환하는 비율에 관한 수학적 표현으로 1841년 영국의 물리학자 줄은 전류가 지나는 전선에서 매초 발생되는 열의 양은 전선의 저항과 전류의 제곱에 비례함을 발견했다. 그는 초당 발생열이 흡수된 전력 또는 전력손실과 동등하다는 것을 측정했다. 줄의 법칙의 정량적인 표현은 초당 발생열,

줄

James Prescott Joule
1818~1889

영국 맨체스터 샐퍼드(Salford) 출신의 물리학자.
열역학 제1법칙인 '에너지보존법칙'의 창설자이다. 가정교사에게 초등교육
을 받았으며, 16세 때 화학자 J. 돌턴으로부터 화학과 물리학의 초보적 교
육을 받은 것 외에는 독학으로 공부하였다. 1840년 줄의 법칙을 발견하였
다. 1847년 학회에서 연구결과에 대한 강연 중에 W.톰슨과 알게 되어, 이후
톰슨과 오랫동안 공동연구를 하여 '줄·톰슨효과'(1853) 등 많은 업적을 남겼
다. 열의 본질에 대해서는 그것이 물체의 미소입자(微小粒子)의 운동이라는
생각에 도달하여, 기체운동론의 선구적 입장을 취하였다.
일의 단위 '줄(Joule)'은 그의 이름에서 따왔다.

즉 전력손실 P는 전류 I의 제곱과 저항 R의 곱과 같다는 $P=I^2R$이다.
전력 P는 전류의 단위가 A(암페어)이고 저항의 단위가 Ω(옴)일 때 W(와
트: 1W=1J/s)의 단위를 갖는다.

이때 와트(W)는 전력의 단위로 1초당 소비한 전력에너지를 이르며,
1초당 1J(줄)의 일을 하는 일률을 의미하기도 한다. 1J은 1N(뉴턴)의 힘
으로 물체를 힘의 방향으로 1m만큼 움직이는 동안 하는 일 또는 그
렇게 움직이는데 필요한 에너지를 이른다. ✎

고전 전자기학의 완성

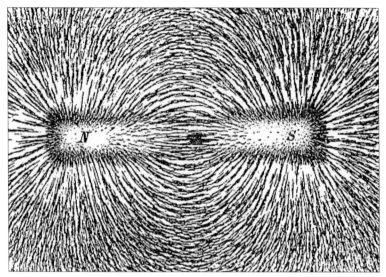

철가루를 자석 주변에 뿌리면 자석의 자기장 형태가 나타난다.

1831년 패러데이는 전기장, 자기장의 개념이 도입되어 닫힌 회로 주위에 형성된 자기장이 시간적으로 변하거나, 자기장 속에서 도체가 운동 할 때 도체에 전류가 유도 된다는 것을 밝혔다. 이것이 바로 발전기 발명의 발판이 되어 현대 전기 문명을 가능케 한 전자 유도 법칙이며 1833년 렌츠(Friedrich Emil Lenz)가 운동하는 도체에 의해서 유도된 전류의 방향에 관하여 연구를 정리해서 법칙으로 발표 하였다.

렌츠의 법칙은 전자기 유도에 의해 만들어지는 전류는 자속의 변

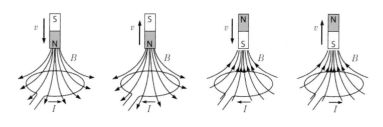

렌츠의 법칙

V=자속   B=기전력   I=유도 전류에 의한 자기장

화를 방해하는 방향으로 흐른다는 것이다. 자속이란 '어떤 면을 지나는 자기력선의 수'로 코일을 향하여 자석을 움직이면 코일 속을 지나는 자속은 증가한다. 이때 코일에 유도되는 전류는 자속의 증가를 방해하는 방향으로 흐른다. 반대로 자석을 코일에서 빼면 코일 속을 지나는 자속은 감소한다. 이때 코일에 유도되는 전류는 자속의 감소를 방해하는 방향으로 흐른다. 렌츠의 법칙은 '자연은 급격한 변화를 싫어한다'는 전자기학에서 나타나는 관성의 법칙이라고 할 수 있다.

패러데이가 실험 연구에 몰두하는 기간 동안 주로 독일을 중심으로 유럽 대륙에서는 전기와 자기의 수학적 이론들이 실험연구에 보조를 맞춰 발표되고 있었다.

물리학자 노이만(Franz Ernst Neumann), 베버(Wihelm Eduard Weber, 1804~1891), 렌츠 등이 이 시기에 연구한 과학자들이며, 같은 시기에 줄과 영국의 톰슨 경(Sir William Thomson, 1824~1904)과 독일의 헬름홀츠(Hermann von Helmholtz, 1821~1894)는 에너지의 다른 형태와 전기와의 연관성을

이론적으로 발전시키고 보다 명료하게 하였다. 또한 헬름홀츠, 톰슨과 미국의 물리학자 헨리(Joseph Henry, 1799~1873), 독일의 물리학자 키르히호프(Gustav Robert Kirchhoff, 1824~1887), 영국의 물리학자 스토크스 경(Sir George Gabriel Stokes, 1819~1903)은 도체 내에서 전기효과 즉 전도와 전파 이론을 확장 하였다.

1856년 베버와 독일의 물리학자인 클라우슈(Friedrich Kohlrausch, 1840~1910)는 유전율[08]과 투자율[09]을 결정하고 이것은 빛의 속도와 같은 값을 가지며 동시 빛의 속도와 같은 차원임을 밝혔다. 키르히호프는 1857년에 전기 교란은 도선의 표면을 광속도로 전파한다는 것을 설명하기 위하여 이 결과를 사용하였다. 따라서 1860년에 이르러 광학과 전자기학의 연결은 분명하게 되었다. 빛과 전자기학의 연관성을 매듭짓는 마지막 단계는 맥스웰에 의하여 이루어 졌는데 이로써 고전 전자기학의 역사는 막을 내리게 된다. ⁄

08　유전율(permittivity , 誘電率) : 외부 전기장을 유전체에 가하면 유전분극 현상이 일어나 가해진 외부 전기장과 반대방향으로 분극에 의한 전기장이 생긴다. 이것 때문에 유전체내 전기장 세기가 작아진다. 이때 작아진 비율이 유전율이다.

09　투자율(magnetic permeability, 透磁率) : 자기장의 영향을 받아 자화할 때에 생기는 자기력선속 밀도와 진공 중에서 나타나는 자기장 세기의 비를 말하며 '자기유도용량', '자기투과율'이라고도 한다. 투자율은 물질의 종류에 따라 정해진다. 철 등의 강자성체나 페리자성체 등에서는 극히 큰 값을 나타내며, 그 값은 자성체의 자기적인 이력(履歷)이나 자기장의 세기에 따라 변한다. 특히 퍼멀로이·센다스트·페라이트 등의 합금은 극히 큰 투자율을 가지고 있어서 전기적·자기적으로 고유한 특징을 보이기 때문에 고투자율 재료로 영구자석이나 고주파기기의 자심(磁心) 등에 사용된다.

렌츠
Heinrich Friedrich Emil Lenz
1804~1865

러시아에서 태어난 독일의 물리학자. 러시아의 상트페테르부르크대학 교수를 지내고, 전자기학을 연구, 1834년 전자기유도(電磁氣誘導)가 일어나는 방향에 대해 처음으로 일반적인 법칙을 발견, 이를 '렌츠의 법칙'이라 했다. 또 유도기전력의 세기를 측정하여 그것이 회로를 만드는 도체의 종류와는 관계가 없다고 하는 '렌츠의 실험'을 하여 전자기유도 연구를 개척했다.

노이만
Franz Ernst Neumann
1798~1895

독일의 물리학자. 독일 브란덴부르크(Brandenburg) 출생.
1829년 쾨니히스베르크대학의 물리학 교수가 되었고 키르히호프도 그의 제자 중 하나이다. 1831년 열학의 연구에 있어서 고체의 몰 비열에 관한 노이만-코프의 법칙을 발견하였고, 1832년 빛의 복굴절에 관한 이론을 발표하였다. 1845년 전자기학분야에서는 유도 전류에 관한 노이만의 법칙을 발견하는 등 많은 뛰어난 업적을 올려 이론 물리학의 아버지라 불렀다.

키르히호프
Gustav Rovert Kirchhoff
1824~1887

독일의 물리학자. 프로이센의 쾨니히스베르크 출생. 브레슬라우 대학, 하이델베르크 대학, 베를린 대학 교수를 역임하였다. 이론 물리학 분야에 공적이 많고, 1847년 정상 전류에 관한 '키르히호프의 법칙'을 발견하였다. 그의 업적 중 가장 저명한 것은 그가 프란호파 선의 연구에서 발견한 1859년의 복사선의 흡수능과 사출능에 관한 법칙의 확립이었다. 이 복사에 관한 법칙의 발견 및 이와 관련하는 그의 연구는 열 복사론의 발전에 많은 도움이 되었다.

스토크스
George Gabriel Stokes
1819~1903

영국의 수학자·물리학자. 아일랜드 출생. 1849년 케임브리지 대학교수로 지내다 1885~90년에 왕립 협회장을 역임하였다. 미·적분 방정식 및 수력학(水力學), 광학(光學), 음향학(音響學) 등을 연구하였고, X선이 전자기파라는 결론과 형광체(螢光體)에서 나오는 빛의 파장에 관한 '스토크스의 법칙'을 발견했다. 그는 이러한 실험을 통하여 항성(恒星)의 물질 조성을 추측했다.

Chapter

3

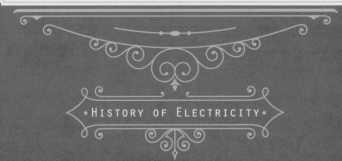

발전기의 발명

전자유도법칙의 발견

패러데이 크리스마스강연

19세기에는 외르스테드가 전기로 자석을 만드는 방법을 보여 주었고 전류가 자기에 미치는 영향을 수학적으로 전개한 앙페르의 작업으로 패러데이는 전자 유도 법칙을 발견할 수 있었다. 이 위대한 발견으로 자석들을 이용해 전기를 만드는 방법이 발명되었고, 현대 전기산업의 기초인 발전기를 만들어내는 위대한 업적을 이룩하였다. 험프리 데이비의 조수로 초라하게 연구생활을 시작했던 패러데이는 1824년 영국 왕립학회 특별회원이 되고 1825년에는 연구소 실험실 소장이 되었다.

1822년 패러데이의 실험일지에는 '자기를 전기로 바꾸라'고 씌어져 있었다고 한다. 그는 자기를 전기로 바꾸기 위한 방법을 목표로 연구에 온 힘을 기울였다.

1831년 8월 29일 패러데이는 둥근 연철로 바깥지름이 6인치인 둥근 원을 만들고 이 원형 연철을 두 부분으로 나누어 구리선으로 감아 코일을 만들었다. 각각의 코일은 절연되어 있고 코일과 연철을 절연시키기 위해 사이에 나무와 실을 감았다. 한쪽에는 전지에 연결된 절연전선의 코일을 감고 다른 한쪽에는 검류계를 붙인 두 번째 코일을 감았다.

첫 번째 코일에 전기를 통하게 하려고 전지를 활성화시켰을 때 두 번째 코일에 생기는 신호를 찾았지만 아무것도 찾을 수 없었다. 그러나 패러데이가 발견한 것은 전지를 스위치로 끊고 연결할 때 자기장의

패러데이의 실험실

변화로 두 번째 코일에 짧게 전류를 만드는 것이었다.

패러데이가 원하는 결과는 일시적으로 인가되는 전류를 만들어 내는 것이 아니고 연속적으로 발생하는 전류를 얻는 것이었으므로 패러데이는 영구자석의 반대극 사이에 회전축을 설치하고 회전축에 구리원반을 끼워 놓고 구리원반에 전선을 검류계와 연결시키고 구리원반을 회전시켰다. 그러자 연속적인 전류가 검류계에 인가되었다.

변화하는 자기장에 의해 닫힌 회로에 전류가 인가되어 전자기 유도에 대한 패러데이 법칙을 완성한 것이다. 이 법칙의 발견으로 전기를 연속적으로 만들어 사용할 수 있는 발전기 발명이 가능하게 된 것이다. 패러데이는 1831년 11월 '전자기 유도법칙'을 왕립학회에 발표했다. ✐

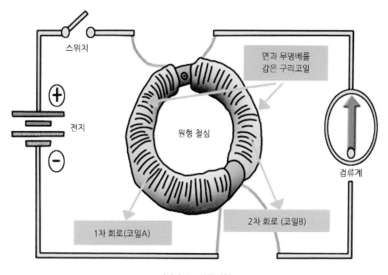

전자기 유도법칙 실험

| 마이클 패러데이 이야기 |

일반적인 영국 화폐의 주인공들처럼 기품 넘치는 귀족풍이거나 귀족 전용의 양털 가발을 쓴 차림새를 한 사람이 지폐에 들어가야 할 것 같지만, 1991년부터 2001년까지 영국 20파운드 화폐 반쪽의 주인공은 흐트러진 머릿결과 수수한 차림의 한 평민 과학자였다. 바로 마이클 패러데이다.

산업혁명이 한창 진행되던 1791년에 태어난 마이클 패러데이는 학교 문 앞도 가 보지 못하고 교회에서 더하기 빼기 정도나 익히며 자랐다. 그는 어린애 티를 갓 벗은 14살부터 손이 부서져라 일하며 가족들을 먹여 살려야 했던 수백만 영국 소년 중의 하나였다.

다행히도 패러데이는 탄광이나 면직물 공장에서 혹사당하지 않고 책 제본 공장에서 근무할 수 있었는데 그는 자신의 일거리에서 빛을 보았고 지혜를 얻었다. 공장 주인인 리보는 이 영특하고 성실한 소년에게 호감을 품었고 쉬는 시간이면 책을 마음껏 읽을 수 있도록 허락해 주었다. 닥치는 대로 책을 읽고 스폰지처럼 지식을 흡수하던 패러데이는 어느 날 '전기'라는 개념에 호기심을 가지게 되었다.

공장주인 리보는 자신이 거느린 이 유망한 일꾼의 존재를 주변에 열심히 알렸고 그 가운데 한 사람이 패러데이에게 영국 왕립학회가 주최하는 크리스마스 순회 강연 티켓을 전해 주게 되었다. 이때의 강연은 패러데이의 인생을 뒤바꾸는 또 다른 기회를 제공하기도 했고, 강연자였던 험프리 데이비를 처음 만나게 한 역사적 순간이기도 하다. 데이비는 '전기 화학'의 아버지로 불리는 사람으로 그의 강의는 전기에 인생을 걸고자 마음먹은 젊은 패러데이에게 강렬한 인상을 남겨 주었다.

패러데이는 그의 강연을 정성껏 정리한 노트를 자신의 제본기술로 예쁘게 책으로 만들어 첨부하여 그에게 일자리를 구해줄 것을 부탁하는 편지를 보냈는데, 그 편지가 주효하여 그 이듬해인 1813년에 데이비의 비서 겸 조수로 채용된 이후 과학자의 길을 걷게 되었다. 하지만 데이비는 패러데이에게 훌륭한 스승이기는 했지만 아름다운 인연은 아니었다. 그는 자신의 재능 있는 조교를 노예 취급했다.

현재 과학계에서 19세기 최고의 실험과학자로 추앙받고 있는 패러데이의 삶은 성실 그 자체였다. 기록에 의하면 패러데이는 생전에 3천여 건의 실험을 수행하였다고 하니 그의 과학에 대한 열정과 성실함이 얼마나 크고 깊었는지 우리가 어렵지 않게 짐작할 수 있다.

1831년 8월 29일 그가 역사적인 실험을 통해 전자기 유도 실험에 성공한 것도 그런 결과였다. 이미 1822년 "자기는 전기로 변한다"는 메모를 써 놨지만 규명이 안 되자 덮어 놓고 있던 걸 다른 이들의 연구에 도움 받아 다시 뛰어든 결과였기 때문이다. 그의 인간적 면모는 과학자로서의 업적 덕에 더욱 돋보였다. 40대의 그는 당대 최고의 화학자였지만, 왕실의 왕립학회 회장직 제의도 기사 작위도 사양했다. 검소하고 겸손했고 무욕했다. 그는 어떤 업적도 특허 등을 통해 돈과 바꾸려 하지 않았다. "하나님과 재물을 아울러 섬길 수 없다"는 것이 그의 신앙이요 신념이었다.

패러데이는 자신보다 아홉 살 어린 사라 버너드와 사랑에 빠졌다. 처음에 그는 결혼을 하면 연구에 집중을 하지 못할 것이라 여겨 결혼을 거부했다. 그러나 사라에 대한 사랑을 깨닫고 패러데이는 평소 과학연구에 열정을 쏟는 것처럼 그녀를 쫓아다녔다. 마침내 1821년 6월 12일 두 사람은 결혼하였다. 그들은 평생 아이가 없었지만 그들의 행복은 변함이 없었다.

패러데이는 더 큰 사랑과 관심을 더 많은 아이들에게 보여 주었다.

19세기에도 어느 정도 반열에 오른 사람이 대중을 상대로 강연을 하거나 특정 주제로 설명을 하는 일은 극히 드물었다. 하지만 패러데이는 숱한 강연을 열어 사람들을 불러 모았고 심지어 사재를 털어 가며 형편이 안되는 사람들에게까지 과학을 알려 주었다.

그러나 거듭되는 무리한 연구 끝에 패러데이는 건강에 문제가 생기고 만다. 실험 과정에서 수은이나 염소 등 독성이 강한 물질에 많이 노출된 패러데이는 50세가 채 되기 전부터 기억상실증에 걸렸다. 지극한 사랑의 패러데이의 아내는 남편의 기억을 돌려주기 위해 방법을 찾던 중 패러데이가 기록한 일지를 발견하게 되고 그 일지를 통해 잃었던 기억들을 하나하나 찾게 해 주었다.

1867년 8월 25일 패러데이는 자신이 만든 코일을 손에 쥐고 의자에 앉은 채로 조용히 생을 마감했다.

마이클 패러데이
Andre Marie Ampere
1791~1867

영국의 화학자·물리학자.

19세기 최대의 실험 물리학자이며 '전기학의 아버지'라고 불린다. 런던 뉴인턴에서 출생. 어려서 제본소(製本所) 직공으로 있었고, 왕립 연구소에서 전기 및 화학을 연구, 동 화학 교수가 되었다. 1823년에는 염소(鹽素)의 액화(液化), 1825년에는 벤젠을 발견, 1831년 전자기 유도법칙 발표, 1833년 전해(電解)에 관한 패러데이의 법칙을 세웠고, 전기 화학 당량(當量)을 발견하였다. 1837년 전자장론(電磁場論)의 기초를 확립, 1838년 진공 방전에 있어서의 암흑부(暗黑部)를 발견하였다. 기타 진공 방전의 연구, 반자성 물질의 발견 등 업적이 크다. 패러데이는 맥스웰의 이론과 상대성 이론이나 양자론과 같은 근대 물리학을 탄생하게 하는 데 많은 영향을 주었다. 『전기의 실험적 연구』, 『화학 및 물리학의 실험적 연구』 등의 저서도 있다.

발전기의 발명

최초의 발전기 발명

마이클 패러데이는 전자기 유도법칙에 근거하여 두 개의 영구자석 사이에 구리판을 닿지 않게 통과 시키고 이 구리판을 회전시키면 전류가 발생한다는 것을 입증하기 위해 'Faraday Disc'라 불리는 최초 발전기를 만들어 냈다.

뒤를 이어 1832년 프랑스의 이폴리트 픽시(Hippolyte Pixii)가 발전기를 만들었다. 말굽자석을 2개의 전선 코일 위에 놓고 수동으로 회전시켜 전기를 일으키는 것이었다. 그러나 이것은 장난감 수준이었기 때문에 실용화하기 위해서는 여러 방면에서 더욱 발전 시켜야 했다.

발전기를 상용화하기 위한 방법으로 자석을 고정시키고 코일을 회전시키는 방법이 더 효과적임이 밝혀졌다. 그런데 코일을 하나만 회전시키면 전압이 회전 중에 최고치에서 최저치로 떨어졌다. 그래서 여러 개의 코일을 발전자 또는 회전자로 부르는 부품에 감아 주었더니 전압이 균질해졌다. 처음에는 고체 회전자가 과열되었지만 얇은 강철판을 겹쳐 만든 철심에 코일을 감았더니 이 문제는 해결되었다.

1823년 영국의 스터전(William Sturgeon)은 막대형의 쇠붙이에 도선을 감아 전자석을 만들어 발표하였다. 스터전은 U자 모양의 철에 구리선을 감아 자기장이 4천배 정도 강해져 강력한 자석을 만들 수 있었다. 그 후 1839년 미국의 헨리가 이를 개량하여 U자형 철심 위에 구리도선을 여러 층 감아 이전보다 200배 정도 강력한 전자석을 만들었다.

최초의 발전기는 영구자석이 사용되었으나 전자석으로 대부분 교체되어 사용되었고, 1855년 덴마크의 공학자 소렌 요르트(Soren Hjorth)는 발전기 자체의 전기를 이용하여 전자석이 더 강력한 힘을 내는 자여자 발전기[01]를 제안했다. 이 방식에 의한 발전기의 전자석의 전원은 자체적으로 해결이 가능하여 필요한 것은 회전자를 움직이기 위한 증기기관이나 수차가 전부가 되었다.

1866년 독일의 베르너 폰 지멘스(Werner von Simens)는 그때까지 사용해 오던 천연자석 대신에 전자석을 이용한 자기여자(自己勵磁)의 발전기를 발명함으로써 이때부터 대형 발전기를 제작할 수 있게 되었다.

---

01 맨 처음엔 외부에서 전류를 공급하거나 배터리를 이용하여 계자에서 자속을 만들어서 발전을 하다가 어느 정도 지나면 발전한 전기에너지를 이용하여 자속을 만드는 발전기.

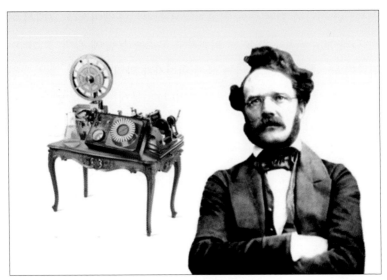

자기여자의 발전기를 발명한 지멘스

같은 해에 영국의 휘스톤(Charles Wheatstone)도 자기여자 발전기를 발명하였으나 지멘스는 그의 발명품을 더욱 개량하고 또 실용화에 힘씀으로써 다른 사람들을 앞지르게 되었다. 그러나 이렇게 발명된 여러 가지 발전기는 모두가 발전된 전류의 강도 변화가 너무나 큰 것이 문제였다. 이러한 발전기는 소규모의 아크등이나 약간의 전기도금에는 사용할 수 있으나 산업용으로는 이용할 수 없었다.

1865년 이탈리아의 파치놋티(Anotonio Pacinotti)는 코일을 감는 방법에 변화를 줌으로써 강도가 안정된 전류를 얻을 수 있는 길을 열었다. 그리고 1867년 파치놋티의 구상을 더욱 발전시킨 벨기에의 직공 그람(Zenobe Theophile Gramme)은 환상(環狀)발전자를 사용하여 최초의

휘스톤

Charles Wheatstone
1802~1875

영국의 물리학자·발명가. 글로스터(Gloucester) 출생.

14세 때 런던에서 악기제조업에 종사하면서 악기의 고안이나 음향학 연구에 열중, 1829년 아코디언의 일종인 콘서티나를 발명하였다. 1834년 런던 대학 킹스 칼리지 실험물리학 교수가 되어 전기의 속도를 회전거울을 써서 측정하는 연구를 발표하였고, 1835년 방전(放電)에 의해 기화(氣化)된 금속의 백열증기 스펙트럼 속에 휘선(輝線)이 존재한다는 것을 발표하였다. 1837년 쿡과 공동으로 오침전신기(五針電信機)를 완성하고 특허를 얻었다. 이것은 영국 철도에서 실용화한 최초의 전신기이다. 그 후에도 전신기의 자동화, 해저케이블로의 응용에 힘썼다. 전기저항 측정기인 휘트스톤브리지는 크리스티가 창안한 것을 개량해서 실용화한 것이다. 1840년 전자기(電磁氣)를 응용한 전기시계도 발명하였다.

발전기 제작에 성공했다. 이처럼 발전기는 여러 위대한 발명가의 개량을 통하여 발전했고 기계적인 회전력을 얻기 위한 발명이 더해지면서 오늘날의 발전소의 모습으로 진화하였다.

에디슨은 자기가 발명한 탄소선 전구(炭素線 電球)에 사용할 수 있는 새로운 발전기의 연구를 추진하게 되었다. 그리고 1882년 9월, 뉴욕시에 증기기관으로 움직이는 최초의 대규모 화력발전소를 건설했고, 중

헨리

Joseph Henry
1797~1878

미국의 물리학자. 미국 뉴욕주 알바니 출생.

1832~1846년 뉴저지대학(현재의 프린스턴대학) 물리학 교수로 있었다.

1830년 스터전(1783~1850)의 전자석보다 훨씬 강력한 전자석을 만들었다.

패러데이와는 독립적으로 1830년 전자기유도를, 1832년 패러데이에 앞서 전류의 자체유도(自體誘導)를 발견하였다. 이 2가지 유도현상의 발견은 전자기학 및 전기기술에 획기적 진보를 가져왔으며, 전자식(電磁式) 전동기·전신기 등을 고안하였다. 그 후에도 전류계 제작, 방전에 의한 전자기진동 발생 관찰(1842) 등 전자기학의 발전에 공헌하였다. 1846년 스미스소니언연구소 초대 소장이 되었고 인덕턴스의 단위 H(헨리)는 그의 이름에서 유래한다.

앙발전소로부터 말단의 전등까지 110V의 직류 송전 계통을 성공해내고, 이것을 기업화시켰다.

1886년에는 크롬프턴(R.E.B Crompton)이 켄싱턴 &나이트브리지 전기회사를 설립하였고 1889년에는 세바스찬 드 페란티(Sebastian de Ferranti)가 런던 전기회사를 설립하여 발전소를 세웠다. 이 발전소들은 모두 석탄을 이용한 증기기관으로 작동했다.

1893년에는 조지 웨스팅하우스(George Westinghouse)가 나이아가라 폭포에 최초로 대형 수력발전소를 세웠다. ✎

Chapter

4

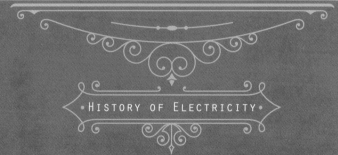

전깃불의 발명

History of Electricity

EVOLUTION

가스등의 사용

뉴욕 펄 스트리트 : 1882년 9월 4일 최초 전기 점등 그림

불을 이용하고 보존 할 수 있는 지혜는 인류만이 가지고 있다. 누구나 알다시피 인류는 다른 동물과 달리 불을 이용함으로써 문명을 밝혀 나갔다. 인류는 모닥불로 맹수의 위험으로부터 생명을 보호함과 동시에 이를 조명으로 이용하여 밤에도 낮과 같이 노동도 할 수 있었다. 처음에는 모닥불과 횃불로 그리고 다음단계에는 동물과 식물의 기름을 이용한 유등(油燈)으로 빛을 얻었으며 기원전 3세기 초에는 밀납을 이용한 양초를 사용하기도 하였다.

1783년 이후에는 유리병에 공기통이 달린 석유등을 사용하기도

가스등이 발명되면서 생기는 일을 그린 풍자그림

했으며 1792년에는 석탄 가스를 도관에 흐르게 하여 불을 켜는 가스 등이 발명되었다. 가스등을 발명한 윌리엄 머독(1754~1839)은 유능한 발명가로 많은 발명품을 만들었지만 오늘날까지 가장 유명한 것은 석유램프와 수지(獸脂)를 대체한 가스등이다. 그의 실험은 1792년경에 석탄이 탈 때 배출되는 가스가 점화될 수 있고 일정한 양의 빛을 지속시킨다는 사실을 발견하면서 시작되었다. 그는 어머니의 오래된 주전자에 석탄을 넣고 태우면서 주둥이로 나오는 가스에 불을 붙인 것으로 전해진다. 1794년에는 주전자 대신에 특수 제작된 증류기에 석탄을 넣고 태웠으며 석탄이 연소하면서 발생한 가스는 증류기에 부착된 기다란 관을 통과한 후 관 끝에서 점화되었다.

머독은 자신의 가스등 장치를 영국 콘월에 있는 자택에서 처음으로 사용한 후, 가스를 보다 효율적이고 실용적으로 생성, 저장 및 점화할 수 있는 방법을 계속해서 연구했다. 1798년에는 콘월에서 버밍엄으로 돌아와 볼턴-와트사의 공장에서 일하면서 이곳에 자신의 새로운 가스등을 설치했다. 그는 1802년에 공장 외부의 일부에 조명을 설치하여 많은 대중의 호응을 얻었다. 이듬해에 그의 가스등은 맨체스터의 필립스&리 방적공장에 설치되었다.

당시 가스등은 고래 기름과 양초를 대체하면서 편리한 실내 조명원이 되었다. 연료는 가스공장으로부터 지하 파이프를 통하여 건물과 보도를 통해 배분되었기 때문에 대도시를 중심으로 급속하게 퍼져 나갔다. 가스등은 유럽과 미국을 중심으로 인기가 높았고 1875년 미국에는 400개 이상의 가스등 회사가 있었다.

여러종류의 가스등

윌리엄 머독
William Murdock
1754~1839

영국 스코틀랜드 출생.

1777년 버밍엄에 있는 볼턴-와트사에 입사하여 1779년 콘월에서 와트기
관의 조립을 지도하였다. 석탄가스를 조명용으로 쓰는 파리의 르봉의 연구
이야기를 듣고, 1792년 레드루스에서 석탄가스의 실험을 시작하여, 레토르
트(retort)에 의한 건류(乾溜)와 가스의 정화장치를 고안, 1802년 볼턴-와트
사 공장의 외부를 가스등으로 조명하였다. 1806년 레토르트·파이프·버너
를 제조하여 맨체스터 공장에 설치하였다. 와트와 협력하여 증기기관 개량
에 훌륭한 업적을 남겼다.

아크등의 발명

험프리 데이비의 강연

1802년 영국의 화학자 험프리 데이비(Hamphrey Davy)는 그 해에 볼타전지 양극에서 뽑아낸 두 가닥의 철사 끝에 단단한 목탄조각(탄소)을 단 다음 이것들을 서로 접속시키면 높은 열이 발생하나 양단을 조금 떼어 놓으면 그 중간에 아크 불꽃이 일어나서 강한 빛이 발생하는 것을 발견하였다. 그는 영국 왕립학회에서 자신이 발명한 전지를 전원으로 하여 목탄을 전극으로 전등을 점화하는데 성공하였다.

파리 오페라 거리의 아크등

1808년 데이비는 2천 개의 아크등[01]을 사용하여 점등하는 실험을 최초로 공개했다. 그러나 이러한 아크등은 전지를 전원으로 사용하였기 때문에 좁은 범위에서만 실용화가 가능했다.

그로부터 60년이 흐른 1867년, 러시아의 사관인 야블로호프(Pavel Nicolaevich Yablochkov)는 그가 발명하고 개량한 아크등을 파리의 오페라 거리에 가로등으로 처음 점등하였으며 이후부터는 정거장, 광장, 공공건물 등에 점차로 보급하였다.

---

01 전극사이에 전류가 흐를 때 생기는 아크의 발광을 이용한 등으로 전극재료에 따라 탄소 아크등, 텅스텐 아크등, 수은 아크등이 있다.

미국에서는 1878년 브러쉬(C. F. Brush)에 이어서 휘스톤(T. Wheat-stone)이 전지 대신에 아크등용 발전기를 발명함으로서 아크등 상용화에 도움을 주었다. ◢

험프리 데이비

Humphry Davy

1778~1829

영국 콘월주(州) 펜잔스(Penzance) 출생.

1798년 브리스톨의 기체연구소(氣體硏究所)에 들어가 아산화질소의 생리작용을 발견하였다. 1803년 왕립학회 회원이 되어, 전기분해에 의해 처음으로 알칼리 및 알칼리 토금속(土金屬)의 분리에 성공하였다. 1807년 칼륨·나트륨을 유리하고, 1808년 칼슘·스트론튬·바륨·마그네슘을 유리(遊離)했다. 특히 중요한 것은 1816년 안전등(安全燈)의 발명이다.

전구의 발명

전구의 결점을 보완하고 상용화 한 토마스 에디슨

아크등의 사용은 계속 확대되었지만 많은 개량에도 불구하고 여전히 많은 결함을 내포하고 있었다. 양극의 탄소가 고온 때문에 증발하는가 하면 직접 공기와 접촉하여 공기 중의 산소와 결합하여 소모됨으로써 전극의 수명이 매우 짧아 매일 탄소 전극을 바꾸어야만 했다. 따라서 경비가 많이 들고 공기도 오염될 뿐만 아니라 아크가 너무 강하고 자극적이어서 사용에 불편함이 많았다.

1847년 스테이트는 백금과 이리듐의 합금으로 만든 녹는점이 높은 필라멘트를 사용한 전구를 선보였다. 전류가 흐르면 적당한 밝기의 빛을 낼 수 있을 정도로 필라멘트가 뜨거워졌지만 용기속의 공기와 반응하면서 필라멘트가 금방 끊어져 버렸다. 미국의 발명가 스타(J. W. Starr)도 탄소 필라멘트를 연구해 보았지만 같은 문제에 봉착하였다.

끊임없는 실험과 연구로 마침내 아크등의 결함을 보완하는 새로운 방식의 전기등이 발명되었는데 이것을 완성한 사람이 바로 에디슨(Thomas Alva Edison)이었다.

이 전기등은 전류가 철사나 그 밖의 도체를 흐를 때에는 열을 발생할 뿐 아니라 그 도체가 열에 대하여 융점이 높고 저항이 큰 도체라면 그 도체를 발열시킴으로 빛을 발산하는 원리를 이용한 것이었다. 이 원리에 의한 백열전등의 연구는 이미 영국의 스완(Joseph Wilson Swan)에 의해 시작되고 있었다. 에디슨도 그 도체 물질에 대한 연구를 거듭하여 세계 각처에서 수집한 6천여 가지 섬유 물질을 시험하여 결국 탄화시킨 대나무를 찾아냈다. 그들은 1860년경에 개발된 성능이 우수한 펌프를 이용해 전구안의 공기를 빼낼 수 있었으며 또 운좋게도 솜씨 좋은 유리 직공들의 도움을 받을 수 있었다.

토마스 에디슨의 전구(1880)

에디슨은 1천 번 이상 실패 한 끝에 1879년 고열에 견딜 수 있는 탄소 필라멘트로 진공의 유리전구 점등에 성공하였다. 이 전구는 약 2일 동안 안정된 조도를 얻을 수 있었다고 한다.

탄소 필라멘트 전구는 불꽃이 밖에 노출된 다른 조명기구보다 안전하고 편리하지만 불빛이 노란색을 띠었고 사용되는 전기에너지의 1%미만이 빛으로 전환되고 나머지는 열로 사라져 버렸다. 그 이유는 전구 내부에 탄소 침전물이 생기는 것을 막기 위해 필라멘트 온도를 1,750°C아래로 유지시켜야 했기 때문이었다.

1879년 스완이 에디슨보다 10개월 먼저 자신의 발명을 발표했지만 제품생산은 에디슨보다 몇 달 늦은 1881년에야 시작했다. 이로 인해 특허권 분쟁이 일어날 기미가 보이자 두 사람은 협력하기로 합의하였고 탄소필라멘트 전구는 에디스완(Ediswan)이라는 상표명으로 시장을 장악했다.

에디슨은 그가 발명한 백열전등의 보급에 주력하여 1880년 오리건 철도해운회사 소속의 증기선에 최초 상업용 전등을 가설하는데 성공하였고, 1881년에는 뉴욕시내 한 인쇄소에 육상 최초의 전등을 가설하였다. 1881년 8월 파리 전기박람회에서 자신이 발명한 대형 발전기로 16W 전구

에디슨과 스완의 에디스완 광고

500개를 점등하여 세상을 놀라게 했다. 그는 다시 다음해인 1882년 1월에 런던에서 열린 전기 박람회에서도 대규모의 백열전등을 대중 앞에 공개하여 훌륭한 평가를 받았다. ⚓

스완
Joseph Wilson Swan
1828~1914

영국의 화학 공업가, 발명가. 선더랜드 태생.
1863년 실용적인 탄소 인쇄법의 특허를 얻고, 1877년 브롬화은 젤라틴 건판을 개량 발명하여 처음으로 시장에 내놓았다. 또한 2년 후 이것을 종이에 응용해서 브로마이드 인쇄지를 얻는 등, 사진술의 진보에 큰 공헌이 있었다. 한편 백열전등을 연구하여, 에디슨과는 독자적으로 1878년 탄소 필라멘트의 전구를 발명했다. 그리고 필라멘트의 재료로서 대나무 섬유보다 우수한 것을 연구, 목면을 염화아연 용액으로 처리해 시럽 상태로 만든 것을 작은 구멍으로 분출시켜 가는 실로 만들고, 이것을 탄화하여 필라멘트를 만들었다. 백열전등의 발명에 대해서 에디슨은 전기에서 시작했고, 스완은 화학에서부터 시작했다고 한다.

최초의 전기조명 시스템

에디슨의 멘로파크 연구소

이후 에디슨은 전기 전등의 보급을 위하여 야심찬 계획을 구상했다. 그는 가스등과 같은 공급방식을 선택, 발전소를 설치하고 배전설비를 통하여 구역별로 전기를 공급함으로서 전구를 점등하려는 계획을 세웠다. 그렇지만 이 구상을 실현하는 것이 쉬운 일은 아니었다.

전기 공급을 위해서는 전선뿐만 아니라 발전기에서부터 배전반, 전압계, 소켓, 스위치 등의 일체가 필요했기 때문이다. 당시 이런 전등 사업을 위해서는 모든 필요한 기구들을 제작하는 공장이 없었기에 스스로 이들을 제작할 수밖에 없었다. 에디슨은 자금을 조달하여 발전기 제작공장, 전구 제조공장, 지중선 제조공장을 설치하여 기계기구를 제작하고 부속품도 스스로 만들었다. 에디슨이 이런 사업에 몰두한 장소가 바로 뉴욕 중심가에서 약 50마일 떨어진 멘로파크(Menro Park)에 있는 그의 연구실이었다.

에디슨은 1880년 크리스마스 직전에 뉴욕 펄 스트리트(Pearl Street)에 에디슨 전기회사를 설립하였다.

에디슨은 뉴욕 맨해튼의 금융, 상업 지구인 펄 스트리트에 최초의 전기조명 시스템을 상업적으로 도입하는 일에 몰두했다. 그는 발전소를 짓고, 집에서 전등을 사용할 가입자를 모집하고, 뉴욕시 의회로부터 공사 허가를 얻어내었고, 직류(DC)에 의한 지중배전방식을 채택하여 80㎞가 넘는 도로를 파헤쳐 전기를 보내는 전선을 땅속에 묻는 등의 일들을 감독했다. 또한 전구, 전선, 퓨즈, 계량기 등을 대량으로 생산하는 여러 회사를 설립해 운영했고, 발전소에 설치하기 위해 훨씬 출력이 큰 '점보(Jumbo)' 발전기를 개발해 냈다. 점보 발전기는 100㎾의 출력으로 1,200개의 전등을 켤 수 있었는데 모두 여섯 대가 펄 스트리트 발전소에 설치되었다.

마침내 이런 기술 및 경제적 어려움을 극복하고 1882년 9월 4일 뉴욕 펄 스트리트에 DC 110V를 이용하여 59개 사업장에 전등을 조명하기 시작했다. 인류 역사상 최초의 전기의 공

에디슨 전기회사

펄 스트리트 발전소의 점보 발전기

급, 그리고 사업자용 전등사업이 시작된 것이었다. 이때까지 특정의 전등과 직결된 발전기에 의한 자가 전등 공급은 있었으나 중앙 발전 설비에서 생산된 전기를 배전설비를 이용하여 불특정 다수에게 전기를 공급할 수 있는 전기의 상업적 이용이 시작된 것이었다.

백열전등은 그 뒤에 더욱 높은 온도에도 견딜 수 있는 금속 필라멘트 연구 개발이 진행됨으로서 그 수명과 효율은 한층 더 개량되었다. 결국 1910년 미국의 쿨리지(W. D. Coolidge)가 분말 야금 기술을 이용해 2,000℃이상으로 가열할 수 있는 텅스텐 필라멘트를 개발하였다. 텅스텐 필라멘트는 탄소 필라멘트보다 더 흰빛을 내었고 효율도 3배가량 뛰어났다.

1913년 제너럴 일렉트릭(General Electric)에 근무하던 미국의 화학자 어빙 랭뮤어(Irving Langmuir)가 필라멘트를 코일모양으로 감고 전구에 비활성기체를 채우면 전구의 효율과 수명이 증가한다는 사실을 발견했다. 1934년에는 감은 코일 자체를 또 감음으로써 성능이 더욱 향상되었다. 1960년대 자동차의 전조등과 영사기에 사용하기 위해 도입된 석영-할로겐 전구는 비활성 기체에 할로겐을 첨가하고 유리되신 석영을 사용함으로써 필라멘트의 온도를 크게 높여 효율성이 더욱 뛰어났다. ✎

에디슨
Thomas Alva Edison
1847~1931

미국의 발명가. 오하이오 주 밀란에서 태어났다.

12세 때 그랜드 트렁크 철도지선의 신문 판매원이 되어, 독서에 열중하면서 1862년 〈Grand Trunk Herald〉라는 명칭의 신문을 간행, 1864년 인디애나폴리스에서 자동중계기(自動中繼機)를 발명하였고, 타이프라이터, 전신기, 등사판(謄寫版), 백열전등, 발전기, 선광기(選鑛機), 전기기관차, 전력 수송상의 개량, 철도 시그널, 활동사진(活動寫眞), 가역류전지(可逆流電池), 압축주형(壓縮鑄型), 활동사진용 필름, 박판압연기(薄板壓延機), 콘크리트 빌딩 건설에 관한 고안, 전기안전등(電氣安全燈), 알칼리 축전지의 재생법(再生法)을 발명 하였다.

특별히 에디슨 효과(效果)로서 알려지고 있는 현상의 발견은 열전자(熱電子) 연구의 단서가 되었고, X선의 실험 중의 투시경(透視鏡) 발명은 현재 의학계에서 널리 응용되고 있다. 1916년에는 민간사업에서 은퇴하고 해군 고문(海軍顧問)이 되었다. 많은 사람들이 그를 희한(稀罕)한 천재라고 칭송한 데 대하여 "천재는 2퍼센트의 영감(Inspiration)과 98퍼센트 노력의 보람인 것이다"라고 말한 문구는 그의 생애를 가장 웅변적으로 말하고 있다.

CHAPTER

5

교류시스템의 진화

HISTORY OF ELECTRICITY

PROGRESS

직류전기의 사용

1896년의 전차모습

1882년 9월 4일 뉴욕 펄 스트리트에 에디슨이 개발한 최초 상업용 전기 조명 시스템은 직류를 이용한 것이었다. 발전기는 직류 110V를 공급했다. 이 전압은 전류를 몇 백 미터의 거리에 떨어진 곳으로 보내기에 충분했고 집 안의 전구를 안전하게 밝힐 수 있었지만 완전한 전기 공급 시스템은 아니었다.

직류전기는 치명적인 결함을 가지고 있었다. 그것은 송전할 수 있는 거리가 매우 짧아서 발전기에서 반마일 정도만 떨어져도 충분한 전력공급이 어려웠으며, 전력 공급을 위해서는 전력선이 매우 두꺼워

야 한다는 것이었다. 전기선으로 이용되는 구리의 제한된 양을 고려할 때 전기 조명 시스템을 확대한다는 것은 거의 불가능한 것이었다.

　이러한 직류전기의 단점으로 인한 불편함은 상상 이상이었다. 뉴욕의 전차는 고장으로 절반이 운행을 못하게 되었고, 이로 인해 피해를 본 브루클린 사람들은 '전차를 기피하는 사람들'이라는 의미의 '트롤리 다저스(Trolley Dodgers)'라는 모임까지 결성했다. 이를 계기로  '브루클린 슈퍼바스' 야구단이 '브루클린 트롤리 다저스'로 명칭을 변경했고 이것이 지금의 'LA 다저스'가 되었다고 하는데, 어떤 계기로 생긴 일이 전혀 다른 일에 영향을 미칠 수 있다는 흥미로운 일화 중 하나다. ✎

니콜라 테슬라

니콜라 테슬라와 유도전동기

1880년 니콜라 테슬라(Nikola Tesla)는 스물넷의 나이로 보헤미아 프라하라는 오래된 도시의 대학에 재학 중이었다.

당시 테슬라는 매일 전기에 대한 환상에 몰두했다. 그의 마음은 모터와 발전기를 어떻게 결합시킬지 반복해서 검토하면서 모터들의 다양한 디자인들을 고안했다. 그러나 1년 후 아버지의 죽음으로 테슬라는 공부를 중단하고 헝가리 부다페스트로 이사한 후 지인의 소개로 한 전화회사에서 일하게 된다.

교류 발전기를 상용화 시킨 니콜라 테슬라

1882년 2월 테슬라는 힘든 상황과 고된 일로 쇠약해진 건강을 회복하기 위해 근처 공원을 찾아 수시로 걷곤 했다. 공원을 거닐면서도 그의 머릿속에는 전기에 대한 생각으로 가득 차 있었다. 그러던 어느 날 테슬라는 그동안 생각하던 모터와 발전기의 결합이 스쳐가며 확고한 모습이 떠올랐다. 회고록에서 그는 "난 모래에 나뭇가지를 이용하여 교류시스템을 그렸다. 내가 보았던 이미지들은 뚜렷하고 명백했다" 고 그 당시의 모습을 회고했다.

테슬라는 그해 4월 전기 공학자에 대한 부푼 꿈과 함께 파리로 향했다. 당시 파리는 에디슨의 직류시스템을 이용한 전구로 인해 거리가 밝혀져 있었고 테슬라는 파리의 전기에 매혹되었다. 테슬라는 파리에서 수준 높은 전기수리 능력은 물론 불어와 독일어에 능통해 에디슨 전기회사로 들어가게 되었다. 그곳에서 교류 모터에 대한 생각을 계속 발전시키던 중, 테슬라는 자신이 가지고 있던 교류 기술에 대한 가능성을 인정받기 위해서 1884년 6월 미국으로 이주하여 에디슨의 조수로 일하게 되었다. 파리에서 전화 기술자로 일하면서 멀리 전기를 전송할 수 있는 교류 아이디어를 개발했으나 아무도 관심을 갖지 않았던 것이다. 그래서 그는 미국으로 갔다. 세기의 위대한 발명가 에디슨이 자신의 능력을 인정해 주기를 바랐지만 에디슨은 테슬라를 고용은 했으나 그의 무궁한 재능을 알아보지 못해 놓쳐 버리게 된다.

에디슨은 테슬라에게 그의 직류 발전기를 효과적이고 저렴하게 개선하라는 임무를 주었다. 에디슨은 성공할 경우 5만 달러의 보너스를 약속했다. 그 젊은 연구자는 밤낮으로 공장에서 일했고 1년 뒤 테슬라는 24개 분야에서 현저히 개선된 발전기를 완성했다.

"미국식 유머를 이해하지 못한 모양이군!" 테슬라가 약속한 보너스를 요구했을 때 에디슨은 그렇게 내뱉고 10달러의 주급 인상을 제안했다. 테슬라는 정직하고 자신감에 넘쳐 있었으며 논리적인 사람이었다. 격분한 그는 에디슨에게 사표를 제출했다. 위대한 발명가는 세상의 길을 밝혀줄 테슬라의 아이디어를 알아보지 못하고 잃어버리게 된 셈이었다.

그 대가는 매우 컸다. 후에 니콜라 테슬라는 전류전쟁의 핵심 사업이었던, 당시 최대 규모의 나이아가라 발전소를 세우는 일에 있어서 주역이 되어 에디슨을 파멸로 몰아넣었던 것이다.

니콜라 테슬라

테슬라는 직류 시스템의 한계를 깊이 고심하며 자신의 교류시스템이 이 한계를 극복할 수 있다는 것을 알았다. 에디슨과 만나게 된 자리에서 테슬라는 교류유도전동기를 설명했고 교류시스템에 대해 알렸다. 테슬라는 교류발전기가 직류 전기의 단점인 1마일의 족쇄를 해결할 수 있다고 지적했지만 에디슨은 교류에 관심을 갖지 않았다. 도리어 "교류에는 미래가 없으며 그 분야에 몰두했던 모두가 자기 시간을 허비하고 있고, 게다가 직류는 안전한 데 반해 교류는 죽음의 전류"라는 말도 함께 전했다고 한다. ✎

교류시스템의 진화

웨스팅하우스 전기 회사의 교류시스템 광고(1888)

교류(交流, alternating Current, 약자 AC)란 시간에 따라 주기적으로 크기와 방향이 변하는 전류이다. AC의 최초 사용자는 프랑스의 신경 전문의사 기욤 뒤센(Guillaume Duchenne)[01]으로 1855년 신경수축의 전기치료를 위해서는 직류(DC)보다 교류가 유효하다는 발표로부터 시작되었다. 교류 전력 시스템을 설계하면서 전압변환에 대한 필요성이 대두되었다. 최초의 변압기는 1831년 실제로 패러데이에 의해서 발명되었다.

---

01 프랑스 신경과 의사로 웃을 때 진짜 웃음이 되려면 여러 근육들과 더불어 반드시 눈 가장자리 근육인 인륜근이 사용되어야만 한다는 것을 밝혀내 이를 "뒤센 미소"라 명명 했다.

이후 변압기의 개발은 프랑스인 루시앙 골라드(Lucien Gaulard)[02]와 영국의 존 딕슨 깁스(John. Dixon. Gibbs)[03]에 의해 이루어졌다. 1881년 영국의 런던에서 최초 변압기 전시회를 열었고 조지 웨스팅하우스가 이러한 기술을 미국 내에서 사용할 권리를 확보했고, 윌리엄 스탠리(William Stanley)와 공동으로 150개 램프 점등을 위한 계통과 변압기 개발과 실험을 하였다. 마침내 1885년 골라드와 깁스의 아이디어를 기초로 윌리엄 스탠리가 최초 실용 변압기를 만들어 내었다.

1886년 스탠리는 그레이트 베링턴 연구소 옆의 오래된 건물에서 석탄화력 25마력의 교류발전기를 가동하였다. 이 발전기에서 500V의 교류를 보내게 되었고 이 전기는 건물 내 지하실의 변압기를 통해 100V로 낮추어져 실내 전선을 통해 백열등까지 공급하게 되었다. 이것이 교류시스템 사용의 시작이었다.

뉴욕에서 노동자의 삶을 살던 테슬라는 유니언 웨스턴 전신회사의 공학자인 알프레드 브라운(Alfred S. Brown)과 유명한 변호사이자 발명가인 찰스 펙(Charles F. Peck)을 만나 1887년 4월 테슬라 전기회사를 설립하게 된다. 그의 머릿속에는 이미 수많은 발명품들이 설계되어 있었기 때문에 손쉽게 많은 특허를 따낼 수 있었다. 특히 코넬 대학교의 전기공학과를 만드는 과정에서 핵심적인 역할을 했던 윌리엄 엔소니(William Anthony)는 테슬라의 교류 시스템의 가치를 한눈에 알아보고

---

02 1850~1888 프랑스 파리 태생의 엔지니어, 발명가.
03 1834~1912 영국의 엔지니어, 발명가.

강연하는 니콜라 테슬라

바로 지지하기 시작했다.

　이제까지 교류시스템은 단상 교류 전력 시스템이었는데 니콜라 테슬라에 의해서 다상(Polyphase)계통이 개발 되었다. 테슬라는 모터, 발전기, 변압기, 전력전송선에 대한 특허권을 가지게 되었다.

　1888년 5월 16일에 테슬라는 미국 전기 공학 연구소 연구원들 앞에서 '새로운 교류 모터와 변환 시스템(A New System of Alternate Current Motors and Transformer)'이란 주제의 강의를 통하여 교류 전동기는 마침내 빛을 보게 되었고 이 전동기는 현대적 전력 산업 구축의 토대가 되었다. 전기 엔지니어 등의 전문가들로 이루어진 청중 앞에서 그는 교류 모터의 잘 만들어진 구조도를 소개했다. 이 모터는 기계역학적인 마찰을 줄이고 자기장으로 움직이게끔 설계되어 있어 잘 닳지 않아 보수할 필요가 거의 없었다.

그 날 조지 웨스팅하우스는 테슬라의 강연을 경청하고 매료되었다. 이 모터는 자신의 전기 시스템에 필요하지만 없었던 바로 그 물건이었다. 그는 집을 밝히는 용도뿐만 아니라 전체 산업 시스템을 전기로 운영하려는 생각을 가지고 있었다. 그는 곧장 테슬라에게 6만 달러의 특허 사용권과 그의 공장에서 테슬라 모터를 사용하는데 마력당 2.5달러를 지불하겠다고 제안했다.

조지 웨스팅하우스는 1867년 공기 브레이크를 발명한 후 특허를 내어 '웨스팅하우스 공기 브레이크' 회사를 세우고 1882년 자동식 철도 신호기를 발명하기도 하였다. 1886년에는 웨스팅하우스 전기 회사를 세우고 라디오를 처음으로 만들기 시작한 후 미래지향적인 전기 에너지사업에 뛰어들 것을 결심했다. 에디슨의 직류 시스템이 가진 취약점을 알고 교류에 투자하고자 관련 회사 및 특허를 사들이고 있었던 때였다.

테슬라는 피츠버그의 웨스팅하우스 곁에서 자신이 설계한 모터를 생산하기 시작했다. 그의 시스템은 낡은 직류를 모든 면에서 압도하는 것이

니콜라 테슬라의 교류모터

었다. 어떻게 에디슨은 이 사실을 간과할 수 있었을까?

교류는 변압기(Transformer)를 이용해서 원하는 전압을 거의 손실 없이 자유자재로 바꿀 수 있었고 먼 곳으로의 전기 전송이 가능했다. 조지 웨스팅하우스는 피츠버그에 큰 규모의 본점을 세우고 이곳으로 부터 29개의 회사로 이루어진 자신의 산업왕국을 경영 하였다.

그의 참모들은 만족스럽게 일했고 2년 안에 130개의 교류 발전소 를 판매할 수 있었다. 새로운 교류 시스템은 훨씬 저렴했고 굵기가 더 가는 구리선이 사용되었다. 하나의 발전소는 넓은 지역을 커버할 수 있어서 시외에도 전기를 공급할 수 있었다. ⚡

윌리엄 스탠리
William Stanley
1858~1916

뉴욕 브루클린 출생.
맥심과 웨스턴의 연구조수를 지낸 후 독립하여 뉴저지 주의 잉글우드에 연구소를 창설하였다. 변압기이론의 기초가 되는 역기전력(逆起電力)의 개념을 발견하여 변압기 및 교류 배전방식의 확립에 선구적 역할을 하였다. 1890년 변압기 제작공장 스탠리 전기회사를 창설하였으나, 1907년 제너럴일렉트릭(General Electric)에 합병되어 그 회사의 기술고문으로 있었다.

Chapter

6

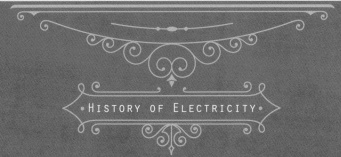

전류의 전쟁

History of Electricity

AC/D

교류와 직류 전쟁의 시작

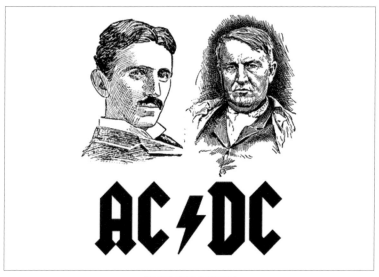

테슬라와 에디슨의 전류전쟁

전류계통의 확대에 따라 자신의 사업 영역 침범에 격분한 에디슨은 자신의 경쟁자 웨스팅하우스를 특허법 위반으로 고소했다. 이것이 미래의 전력시장의 주도권을 다투는 전류전쟁의 시작이었다.

테슬라는 교류에 대한 연구를 계속해 나가 현재의 직류 시스템을 교류로 대체하기 위해 교류에 관한 특허들을 당시 엄청난 자본력과 탁월한 경영능력을 지닌 조지 웨스팅하우스에게 로열티를 받으며 팔았다. 조지 웨스팅하우스의 지원을 받은 테슬라는 교류발전시스템의

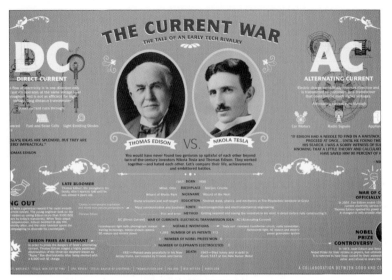

에디슨과 테슬라의 전류전쟁

개발에 더욱 집중하게 되었다.

테슬라와는 달리 자신이 발명한 전구의 수요를 늘리기 위해서 직류 방식만을 주장하던 에디슨은 테슬라가 웨스팅하우스와 교류와 관련된 계약을 맺었다는 소식을 듣고 매우 화가 나 있었다.

테슬라의 교류 시스템에 위협을 느낀 에디슨은 곧바로 교류의 위험성에 대한 우려를 담은 자료들을 찍어내기 시작했다. 에디슨은 교류 전기를 이용해 애완동물들을 의도적으로 잔인하게 죽인 장면들이 포함된 전단지들을 배포하고 웨스팅하우스가 소유하게 된 특허들에 소송을 거는 등 끊임없이 교류시스템을 비난했다. 이를 지켜보고만 있던 웨스팅하우스는 에디슨에 대항하기 위해 교류에 대한 교육 캠페인을 벌이기 시작했다. 연설, 기사 등 다양한 방법으로 교류의 우수성을 알리기 위해 끊임없이 노력했다.

에디슨과의 공공연한 충돌은 끝이 없었다. 웨스팅하우스는 화해하고자 했다. 그는 두 사람의 전기 회사를 통합하자고 제안했다. 쓸데없는 경쟁으로 힘을 소모하느니 같이 완벽한 시스템을 만들어보자고 했으나 토마스 에디슨은 대답하지 않았다.

두 회사가 모두 자금난에 시달리게 되면서 전류전쟁은 더욱 심화되었다. 에디슨은 웨스팅하우스를 막기 위해 알바니에서 전압을 800V로 제한하는 법안을 통과시키려 했고, 웨스팅하우스는 법에 위반되는 음모를 꾸민 죄목으로 에디슨을 고소했다. 뿐만 아니라 에디슨은 죄수들의 사형에 교류 전기 충격을 사용하자는 주장도 하였으며, 웨스팅하우스는 계속해서 교류시스템의 이로운 실상을 증명하기 위해 노력했다.

그 사이 에디슨은 뉴저지의 웨스트 오렌지(West Orange)로 이주했고 세계에서 가장 큰 규모의 사업 실험실을 운영했다. 전류의 독점을 꿈꾸던 그는 이제 자신의 시장 영역을 강한 적과 더 나은 기술로부터 사수해야 했다. 그의 엔지니어들은 교류로 바꾸라고 충고했으나 에디슨은 요지부동이었다. 그는 이미 너무 많은 것을 투자했던 것이다. ✎

동물실험과 전기사형

해롤드 브라운의 말을 이용한 동물실험

위스트 오렌지의 자신의 사무실에서 에디슨은 이전에 없었던 하나의 선전 캠페인을 계획했다. 그의 대변인들은 곳곳에서 대중에게 경쟁자의 교류 기술의 위험성을 비방하는 공포스런 팸플릿을 뿌렸다. 에디슨은 극약처방도 불사했던 것이다. 에디슨과 일하던 미국의 전기기술자 해롤드 브라운(Harold Brown)은 그 선봉에 서서 교류의 위험성을 동물실험을 통해 알리려고 애썼다.

브라운의 실험은 동물들을 웨스팅하우스에서 제작된 교류 발전기 금속판 위에 놓는 것이었다. 브라운은 이런 식으로 공공연하게 고

양이와 개, 그리고 후에는 송아지와 말을 죽였다.

웨스트 오렌지에서는 몇 와트에서 어떤 몸무게의 개가 죽어나가는지가 기록되었다. 동물애호가들, 의사, 엔지니어들의 격렬한 반대에도 불구하고 해롤드 브라운은 자신의 실험을 멈추지 않았다. 그는 전류전쟁의 중심에 서는 인물이 되었다.

조지 웨스팅하우스는 격노하여 〈뉴욕 타임즈〉에 편지를 써서 에디슨의 잔인한 실험에 대하여 공식적으로 항의했다.

이때 에디슨은 중요한 편지를 받는다. 그의 동물 실험이 뉴욕 위원회에 하나의 아이디어를 가져온 것이다. 교수형은 현대 사회에선 맞지 않는다는 내용이었다. 그 대신 전기를 이용하면 어떨까? 전류는 고통 없이 죽일 수 있지 않은가? 게다가 교류가 적합한 것이 아닌가? 에디슨은 해롤드 브라운에게 웨스팅하우스 발전기를 이용해 사형시스템을 구축해 보라고 제안했다.

1889년 5월 윌리엄 케뮬러가 살인죄로 기소되었다. 판결은 전기에 의한 사형이었다. 그는 새로운 방법으로 사형당한 최초의 사람이 될 터였다. 에디슨은 새로운 사형방법의 이름을 "Electricution" 혹은 "to Westinghouse" 등으로 제안했다. 웨스팅하우스는 그 사실을 알고 유능한 변호사를 선임했다. 그는 범법자를 전류로 사형시키는 것이 잔인하고 인간적이지 않다는 것을 증명하려고 노력했다. 이 사형집행은 일어나서는 안되는 것이었다. 그것은 교류를 살인 전류로 인식하게 할 것이고 웨스팅하우스의 사업을 망쳐놓을 것이다.

14개월 후 청문회가 끝났다. 들어야할 것은 다 들었다. 그러나 결

헤롤드 브라운이 설계한 전기의자를 사용한 사형집행장면

과는 변하지 않았다. 1,000V의 전류가 케뮬러에게 최후를 가져다 줄 것이었다.

사형 집행 날 케뮬러는 다른 이와 같이 조용히 앉아 있었고 간수에게 자신을 좀 더 잘 묶어줄 것을 요구하기도 했다. 해롤드 브라운은 전기 접촉이 되는 의자를 만들었다. 머리 부분과 발끝 부분에 있는 전극이 케뮬러의 몸에 전류를 주입할 것이다. 발전기에는 'Westing-house Electric Co.'라는 라벨이 붙어 있었다.

끔찍하게도 케뮬러의 사형집행은 대실패였다. 1,000V의 전압이 너무 낮은 듯 했다. 어느 누구도 얼마나 오랫동안 전류를 흐르게 해야 되는지 알지 못했다. 케뮬러는 고통으로 신음했고 그 자리의 모든 사람들이 무시무시한 고통의 목격자가 되어야 했다. 그의 혈관은 터져나갔고 살은 타들어갔다. 그의 머리 위로 연기가 치솟았다. 기자들은 얼굴을 돌렸다. 의사들이 스위치를 내리게 하고 그를 관찰했다. 놀랍게도 사형수는 아직 살아 있었다. 의사들은 한 번 더 스위치를 올려야 할지 확신할 수 없었다. 발전기가 2,000V로 조정되었다. 그리고 마침내 끝났다.

"무시무시한 장면이었다." 뉴욕의 한 신문이 최초의 미국에서의 전기 의자사용에 대해 논평했다. 조지 웨스팅하우스도 망연자실했다. "차라리 도끼를 이용하지 그랬나" 그의 쓸쓸한 평이었다. 이 지겨운 에디슨과의 싸움은 끝이 없을 듯 했다. ✐

AC/DC

전기 충격 또는 감전은 크게 2가지 현상으로 나누어진다. 하나는 약한 전류에 의한 근육경련에 따른 심장마비이고 또 하나는 강한 전류에서 발생하는 열에 의한 화상이다. 전기 충격은 Source의 종류, 즉 교류이냐 직류이냐가 크게 중요한 것이 아니다.

강한 전류의 경우는 직류이든, 교류이든 둘 다 위험하다.

교류와 직류의 차이는 근본적으로 교류의 경우는 일정한 주파수를 가진 파장의 형태로 전파되고(60Hz: 1초에 60회 진동) 직류는 주파수가 없이 일정 방향으로 흐르는 전류이다. 이런 측면에서 약한 전류에서는 근육경련이 발생하는데 이때는 교류가 훨씬 위험하다.

교류의 경우 1초에 60번 진동을 주는 것과 같으며 직류의 경우 밀거나, 당기고만 있는 것이 되기 때문이다. 결국 교류는 수십 번 경련이 발생하면서 심장박동에 이상을 주지만 직류는 순간적인 경련만 줄뿐 반복되는 경련이 없기 때문에 다소 안전하다는 것이다.

시카고 만국박람회

시카고 만국박람회 포스터

O│때 미국은 커다란 프로젝트를 구상하고 있었다. 새로운 세계
의 발견, 콜럼부스 미대륙 상륙 400주년을 맞아 1893년, 시카
고에서 전구의 불빛으로 밝힌 새로운 만국박람회를 개최하고자 하였
다. 에디슨은 이때 전구를 거의 자동으로 생산하는 기계를 개발하고
있었다. 시카고의 만국박람회에 수천 개의 전구가 필요했고 에디슨은
입찰에 참여해 이미 승리자의 기쁨을 만끽하고 있었다. 웨스팅하우스

시카고 박람회의 모습

는 에디슨에 비해 50만 달러 더 싸게 입찰을 하여 시카고 박람회에 불을 밝힐 권리를 가지고 있었다. 그러나 그는 은행을 계산에 넣지 않았다. 그 사이에 그는 니콜라 테슬라에게 면허 동의에 따른 수익창출 로열티로 1천 2백만 달러의 빚을 지고 있었다. 테슬라가 당장 계약 이행을 요구한다면 웨스팅하우스는 파산이었다. 그는 무거운 마음으로 시카고를 불 밝히려면 자금이 필요한 상황에 대해 설명했다. 테슬라에게는 자신의 이상이 돈보다 소중했다. 또 웨스팅하우스는 그와 그의 재능을 믿어주지 않았던가? 이제는 보답을 할 때였다. 니콜라 테슬라는 계약서를 찢어버렸다. 콜럼부스 축제를 위한 기술적 준비 기간은 몇 달 남지 않았다.

그러나 에디슨은 끝까지 방해했다. 그는 자신의 특허가 있는 전구 사용을 금지시켜 버렸다. 20주 안에 웨스팅하우스는 자신의 전구를 개발하고 25만 개를 생산해야만 하는 상황에 놓이게 됐다. 마지막 날까지 웨스팅하우스 팀은 고군분투했다.

개막식에는 수천 명의 인파가 몰려왔다. 시카고 박람회에 온 총 3천만 명의 사람들이 어마어마한 규모의 웨스팅하우스와 테슬라가 만들어낸 빛의 바다를 구경했다. 그들은 전기의 기적을 체험했다.

시카고 박람회에 전기를 공급한 교류발전기

대세는 점점 직류에서 교류로 넘어오기 시작했고 이를 직감한 에디슨의 많은 직원들은 에디슨이 큰 실수를 저지르고 있다고 설득하기 시작했다. 그러나 에디슨은 끝까지 자신의 주장을 고집하다가 오랜 시간이 흐른 후에야 자신의 실수를 인정했다. 시간이 지나고 최종적으로 테슬라는 웨스팅하우스와의 계약을 연장하여 자신의 연구를 계속할 수 있었고, 웨스팅하우스는 사업 영역을 확장시켜 끝내 테슬라의 교류 시스템을 이용한 발전소를 세웠다. ✎

나이아가라 발전소

국의 최초 상업용 3상 AC 발전소는 1893년 켈리포니아 주 레드랜즈(Redlands) 근처(Mill Creek No. 1 Hydroelectric Plant)였고 1895년 나이아가라 발전소가 문을 열면서 모든 것이 완성되었다.

교류시스템의 승리였다. 웨스팅하우스는 모든 것을 성취했다. 폭포의 이용을 두고 상금을 걸었던 나이아가라 위원회도 감복하고 교류만이 폭포의 힘을 실제로 이용할 수 있다고 확신했다. 웨스팅하우스는 발전소를 만드는 계약을 맺었다.

테슬라와 웨스팅하우스가 숨 가쁜 프로젝트를 진행시키기 2년 전, 1891년 멀리 유럽에서 오스카 폰 밀러라는 독일인이 세상의 이목을 집중시키는 실험을 했다. 그는 작은 네카 강에서 수력으로 55V에서 15,000V로 승압(昇壓)시켜 175㎞ 떨어진 프랑크푸르트로 전송했다. 이 소식은 거대한 파도가 되어 대서양을 넘어 전해졌다.

나이아가라 발전소

나이아가라 발전소의 대형발전기들

독일에서의 실험은 교류를 먼 거리로 송신할 수 있다는 사실을 증명하였다. 웨스팅하우스 사(Westinghouse Electric)는 이 독일 연구자의 경험을 이용하여 나이아가라 발전소를 설계했다. 니콜라 테슬라는 그때까지 없었던 강력한 발전기와 원동기를 개발했다.

1895년 모든 것이 완성되었다. 그리고 나이아가라 발전소가 문을 열었다. 이것은 기술 역사의 혁명이라고 할 수 있었다. 니콜라 테슬라와 웨스팅하우스는 이상을 현실로 만들었다. 나이아가라 폭포의 힘을 이용한다는 것, 전류전쟁의 궁극의 승리라 할 수 있었다.

물은 50m 깊이의 수로(水路)로 떨어진다. 그 곳에서 열 개의 원동기가 50,000 마력의 힘으로 돌려지고 그 힘은 교류 발전기에 연결된다. 발전소에서는 전류의 전압이 22kV로 변압되고 36km 떨어진 버팔로까지 송전되었다. 그 곳에서 변압기를 이용해 다시 전압을 낮춘 다음 거리와 상점을 밝혔다.

전류 전쟁에서 교류 시스템은 완벽한 승리를 거두었고 웨스팅하우스를 세계적 기업으로 만들게 되었다. ✎

조지 웨스팅하우스
George Westinghouse
1846~1914

미국의 발명가이자 사업가. 미국 뉴욕주 센트럴 빌리지 출생.
1867년 공기 브레이크를 발명한 후 특허를 내어 '웨스팅하우스 공기 브레이크' 회사를 세웠다. 1882년 자동식 철도 신호기를 만들었으며, 1886년 웨스팅하우스 전기 회사를 세우고 라디오를 처음으로 만들기 시작하였다. 그 밖에도 400여 개나 되는 특허가 있다.
1881년에 유럽에서 성공적인 교류 전기 실험이 일어나자 웨스팅하우스는 교류 발전의 저력을 꿰뚫어보고 1885년 공기 브레이크로 마련한 재산으로 골라르드-기브스 변압기와 지멘스 발전기를 수입하여 피츠버그에 전기회사의 토대를 마련하고, 때마침 제너럴 일렉트릭에서 뛰쳐나온 니콜라 테슬라를 비롯한 주변 연구자들의 도움을 받아 당시까지 실험적인 수준이었던 교류 발전 체계를 실용적인 수준까지 발전시키는 데 성공한다. 1886년에는 웨스팅하우스 전기회사를 설립해 처음으로 전기 보급 시장에 진출했다.

II

우리나라 전기의 역사

HISTORY OF ELECTRICITY

우리나라 전기지식의 전래

傳
來

전통적인 유교(儒敎) 문화 사회였던 조선 후기사회에 근대 서양 문화의 도입과 그에 따른 충격은 사상, 정치, 문화 등 각 방면에 걸쳐 지대한 영향을 끼쳤다. 그러나 이러한 서양의 근대문화는 직접적으로 조선에 들어온 것보다는 중국과 일본을 통하여 간접적으로 도입되었다.

서양의 근대 과학문명인 전기지식 또한 주로 중국과 일본을 거쳐서 도입되었는데 그 과정은 대체로 두 가지 경로를 통하여 이루어졌다.

첫째는 청나라 말기에 대량으로 들어온 한역(漢譯) 서양과학서에 의한 도입이었고, 둘째는 1876년의 개항과 함께 일본과 미국 등을 왕래하였던 수신사와 청나라에 파견되었던 유학생이 현지에서 직접 학습하고 보면서 얻은 지식이었다. 그러나 이러한 수신사들이 얻은 지식은 단편적일 뿐 아니라 그의 전파도 그들 주변으로 제한될 수밖에 없었다. 그러나 다행히 한역과학서는 복사본의 발행 등으로 한성순보(漢城旬報)[01]등에 연재되어 국내에 널리 유포됨으로써 체계적인 전기지식의 보급에 크게 영향을 주었다.

한성순보

---

01 1883년(고종 20)에 창간된 한국 최초의 근대 신문.

박물신편과 「전기론」

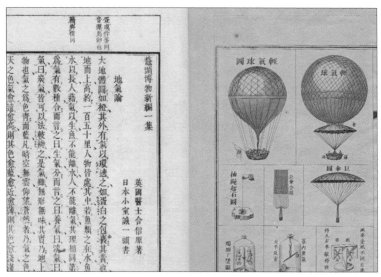

한역과학서 박물신편

○우리나라에 처음으로 전기지식을 체계적으로 소개한 한역과학서가 바로 『박물신편(博物新編)』이다. 이 책은 영국인 의사 홉슨(Benjamin Hobson, 1810~1873)이 저술한 것을 한역(漢譯)한 것으로 1854년 상해에서 발행되었다. 제1집은 지기론(地氣論), 열론(熱論), 수질론(水質論), 광론(光論), 전기론(電氣論), 제2집은 천체(天體), 지구(地球) 등이, 그리고 제3집은 조수약론(鳥獸略論)등으로 구성되어 있다.

전기론에서는 전기의 음양작용(陰陽作用)과 전기를 생산하는 방법, 축전지의 원리, 그리고 전기를 이용한 전신(電信), 전기분해, 동판제작

법과 자석 및 나침반 등의 원리를 자
세히 소개하고 있다.

　『박물신편』이 우리나라에 들
어온 시기는 분명치가 않다. 그러나
최한기(崔漢綺)[02]가 1866년에 편술한 『신
기천험(身機踐驗)』[03]에 이 전기론을 수록한
것으로 미루어 1860년대 초까지는 국내에
전래된 것으로 믿어지고 있다. 이 『박물신편』

박물신편

은 우리나라와 중국, 일본 등 동양3국에 과학지식을 전하는 데 큰 영
향을 주었다.

　박물신편은 우리나라에서 최한기가 그 내용의 일부를 『신기천험』
에 수록한 것 외에 복사본도 따로 간행되어 세상에 배포되었다. 따라
서 『박물신편』은 당시 우리나라 지식계급에 널리 읽힘으로써 전기지
식도 지식인들 사이에는 많이 소개되었을 것으로 믿어진다. ✎

02　1803~1877 조선 말기의 실학자·과학사상가.
03　1866년 최한기가 동서의학을 집성하여 편찬한 의학서.

이언의 「논전보」

정관응의 이언

O│언(易言)[04]은 청나라 말기의 실업가인 동시에 사상가였던 정관
  │응(鄭觀應)이 서양근대 문화의 섭취방법을 논한 책으로, 1871년
중국에서 간행되었다. 상, 하 2권으로 이루어진 이 책은 상권 18개 항
목, 하권 역시 18개 항목에서 국가제도 전반에 걸쳐 광범위한 문제들
을 논하고 있다. 그 내용은 중국의 악습을 제거하고 과학기술을 발달

---

04   1871년에 중국청나라의 정관응(鄭觀應)이 펴낸책. 서양근대문화섭취의 방책을 논한 것으로, 조선
후기의 개화사상가에게 큰영향을 미쳤다.

시켜 산업을 개발하고, 통상을 장려하여 부국강병(富國强兵)을 이룩하며 만국공법(萬國公法)을 실시하여 외국과 대등한 외교를 맺어야 한다고 저자는 강조하고 있다.

상권의 18개 항목 가운데에는「논전보(論電報)」가 수록되어 있는데, 그는 전기를 이용한 전보(電報)의 효용을 소개하면서 이의 실용을 강조하고 있다.

이 책은 1880년 수신사로 일본에 갔던 김홍집(金弘集)[05]이 주일청국공사관의 참사관 황준헌(黃遵憲)[06]으로부터『조선책략(朝鮮策略)』[07]과 함께 받아가지고 돌아와 우리나라에 전래 되었다. 이 책은 한글 번역본까지 간행됨으로써 지식계급에 큰 영향을 끼쳤다. ✒

05   조선 말기의 관료, 정치가 고종에게 개화정책을 건의하고 "갑오경장"을 주도하였으나 "아관파천" 후 "왜대신"으로 지목되어 광화문에서 군중에게 타살됨.
06   중국 청말의 외교관 겸 작가.
07   청나라 황준헌이 러시아의 남하정책에 대비하기 위해 조선, 일본, 청나라등 동양 3국의 외교정책에 대해 서술한 책.

일동록과 발전지법

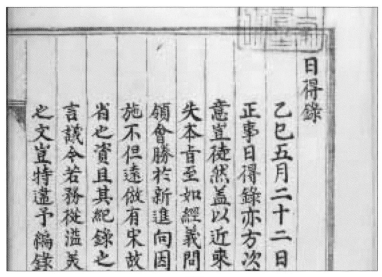

일동록

1876년의 개항에 이어 김기수(金綺秀)등 두 차례의 수신사 왕래를 계기로 일본의 문명을 알려는 관심이 높아진 가운데 조선정부에서는 1881년 통신유람단을 일본에 파견하였다.

그 구성은 조사(朝士) 12명과 수행원 50명이었다. 조사 1명에 수행원 통사, 하인등 4~5명의 수행원으로 1개 반을 편성, 모두 12개 반이 각각 담당분야를 나누어서 일본의 새로운 문명시설을 시찰하였다. 일행은 1881년 5월 7일에 부산을 출발, 8월 26일 귀국하기까지 3개월여에 걸쳐 일본의 새로운 문명을 시찰하고 돌아와 각기 그 견문을 보고 하였다.

그들의 공식 보고서로는 시찰기류(視察記類)와 견문사건류(聞見事件類) 등이 있고, 개인의 일기로는 『동경일기(東京日記)』와 『일동록(日東錄)』이 있다. 이들 보고서와 일기 가운데서 특히 주목을 끄는 것은 『일동록』이다.

『일동록(日東錄)』은 조사 강문성(姜文馨)의 수행원이며 그의 친척형인 오위장(五衛將) 강진성(姜晉馨)의 일기이다. 강진성이 소속된 강문성반의 시찰대상은 공부성(工部省)[08]과 그 산하기관이었다. 그들 일행은 일본에 체류 중 공학교(工學校), 소자국(所子局), 제지소(造紙所), 중앙전신국(中央電信局), 박물관(博物館), 형무소(形務所), 육군교장(陸軍敎場) 등을 주로 시찰하였으며, 공부성은 세 차례나 방문했다는 기록이 있다.

이들의 견문과 시찰 가운데 커다란 수확의 하나는 강진성이 다른 수신사 일행과는 달리 단순히 전기통신 그 자체에 흥미를 가지는 것에 그치지 않고 한 걸음 더 나아가서 전기의 본질과 특성을 규명하고 이를 기록하였다는 사실이다. 그는 『일동록』에서 '발전지법(發電之法, 전기를 발생시키는 방법)'과 '전신지법(電信之法, 전기를 송출하는 방법)'을 자세히 해설하고 있다.

그리고 이밖에도 그는 당시 일본이 역점사업으로 벌이고 있던 철

---

08 일본 메이지 정부의 관청중 하나로 철도, 조선, 광산, 철강, 통신, 등대 등 근대 국가에 필요한 인프라를 정비하였다.

도, 광산, 전등사업 등을 비롯하여 공부성에서 관장하고 있던 여러 가지 현대적인 시설, 즉 생산기구와 공작기계 등의 원리와 사용방법을 광범위하게 소개하고 있다. 이러한 사실은 실로 우리나라 과학사상 발달사에 획기적인 기록이었다고 할 수 있다.

그러나 애석하게도 이 『일동록』은 인쇄본으로는 간행되지 못하였다. 강진성은 일본에서 귀국한 다음 일찍 세상을 떠났기 때문에 1892년 여름에 그의 친형이 자손을 위해 유고를 정리하여 필사본으로 편찬하였던 것이 전해져 오고 있는 것인데 그 한 권이 지금 규장각(奎章閣)에 보관되어 있다. ✎

수신사의 전등견문

일본에 도착한 수신사 행렬

1876년과 1880년에 각각 일본에 파견되었던 제 1·2차 수신사인 김기수(金綺秀)와 김홍집(金弘集)의 『사행기(使行記)』에는 전기통신에 대한 기록은 약간 있으나 전기에 관한 기록은 없다. 그러나 제3차 수신사인 박영효(朴永孝)[09]와 그 일행은 3개월여 동안 일본에 체류하면서 정부기관은 물론이고 그 밖의 연구기관과 생산시

---

[09] 한말의 정치가 급진 개화파로 1884년 "갑신정변"을 주도 했으며 일본 세력을 이용하여 청나라 간섭과 러시아의 침투 억제에 주력했다. 권력에 대한 야심으로 변전 한 친일파로 생을 마감함.

설을 고루 시찰함과 동시에 전기의 점등(點燈)도 목격하는 등 전기 문명을 직접 견문할 수 있었다는 점에서 주목할 만하다.

제3차 수신사는 1882년 9월에 제물포를 출발하였다가 1883년 1월에 귀국하였다. 이 사행(使行)에는 정사(正使) 박영효와 부사(副使) 김만식(金晩植), 종사관(從事官) 서광범(徐光範)외에 수행원 10명과 그 밖에 고문으로 김옥균(金玉均), 민영익(閔永翊) 등도 동행하였다.

임오군란(壬午軍亂)이 일어난 뒤 사과의 뜻을 표하기 위하여 일본에 간 이들은 일본의 정계 요인 등과 회담하는 한편 동경, 교토. 오사카의 중요한 시설을 시찰하면서, 1882년 11월 7일에는 공부(工部)대학교와 전신국(電信局), 그리고 전기기계창(電氣器械廠)을 방문하였다. 당시 이들 기관은 전기이론과 전신을 중심으로 한 전기공학의 연구와 전기통신 및 관련기기 제작의 핵심부서였다. 따라서 사신일행은 이러한 기관을 시찰함으로써 전기에 대한 새로운 견문을 넓혔을 것으로 믿어지고 있다.

어쨌든 이들 수신사 일행이 요코스카의 시험점등이나 동경전등회사의 아크등을 견문한 사실은 매우 중요한 일이라고 할 수 있다. 그것은 그들이 조선정부의 관원으로서는 최초로 전기점등을 직접 목격한 사람일 뿐 아니라, 그들이 이렇게 얻은 견문은 국내의 전기지식 보급에도 적지 않은 영향을 미쳤을 것으로 짐작되기 때문이다. ✎

음청사와 전기창의 유학생

음청사

○ 청사(陰晴史)는 1881년 11월 17일부터 1883년 9월 25일까지 김윤식(金允植)이 영선사(領選使)[10]가 되어 학도(學徒)·공인(工人) 등을 인솔하여 중국 천진(天津)에 가 있을 때에 기록한 일기이다. 이『음청사』에는 학도·공인의 병기제조에 대한 학습 과정뿐 아니라 이홍장(李鴻章)[11]등 청나라 정치가와 만나 한·미, 한·영, 한·독, 한·중 등의 조약체결에 관한 토의사항을 자세히 기록하고 있어 우리나라 외교사 연구 자료로써 더욱 유명하다.

---

10 조선말기 개화기에 중국의 선진 문물을 견학하기 위해 유학생을 거느리고 중국에 다녀온 사신.
11 청나라 말기 대신으로 19세기 후반 일어난 중국 근대화 운동 제창자 중 한사람.

영선사 김윤식의 음청사

조선정부는 신사유람단의 일본 시찰에 이어 무비자강(武備自强)[12]의 일환으로 군계학조(軍械學造)를 위하여 김윤식(金允植)을 영선사(領選使)로 임명, 학도 25명과 공장(工匠) 13명을 청나라에 파견했다. 이들은 1882년 1월 6일 북경에 도착, 3월 6일까지는 일단 실습과목별로 청진 기계국에 분산 배치되었다. 이 일행 가운데 주목할 만한 것은 남국(南局) 전기창(電氣廠)에 안준(安浚)과 상운(尙澐)이, 그리고 동국(東局) 전기창에는 학도 조한근(趙漢根)이 각각 배속되어 전기이론을 학습했다는 사실이다. 비록 이들의 전공이 기계학조(軍械學造)의 일환으로 전기통신과 수전포(水電砲)의 전리(電理)를 학습하는 데 있었다고는 하나, 우리나라에서 처음으로 전기학을 체계적으로 학습하였다는 데 큰 의의가 있다.

당초 유학생들은 서양의 과학기술을 한 사람 당 한가지의 기술을 습득할 계획이었으나, 여러 가지 사정으로 중간에 탈락자가 많았을 뿐 아니라 1882년 7월 본국에서 임오군란(壬午軍亂)[13]이 일어나자 학습을 중단하고 그 해 11월 전원 철수함으로써 유종의 미를 거두지는 못하였다.

---

12 조선의 신식군대 양성, 무기제조, 군대훈련등 제반 자주국방력을 갖추기 위해 고종이 취한 청나라와의 비밀 외교 정책.

13 1882년 구식군대가 일으킨 병란으로 이에 따른 손해배상 차원에서 제물포조약을 맺게 되어 청나라와 일본의 조선에 대한 권한을 강화하는 계기가 되었다.

경복궁에서 발굴된 아크등에 사용한 탄소봉과 유리 절연체 등의 전기 관련 유물

그러나 음청사(陰晴史) 임오(壬午) 3월 17일에 의하면 상운과 안준은 재능이 뛰어난데다가 학업에 열중함으로써 많은 지식과 기술을 쌓았다.

그 결과 특히 상운은 이홍장(李鴻章)의 각별한 배려로 예정을 앞당겨서 학습을 마치고 5월 9일 전기통신에 필요한 전기기구를 남국(南局)에서 지급받아 귀국하였다. 그 품목은 축전지와 황산, 초산, 염산 등 축전지용 화학약품을 비롯하여 전선(電線)과 전영(電領), 전화기 등 모두 21종이었다. 이들 전신 기구는 임오군란때 파괴되고 말았다. 그 해 11월 김윤식(金允植)이 귀국할 때 다시 전상(電箱) 및 동선 등을 추가로 구입하여 가지고 돌아왔는데, 이는 군란으로 파손된 기기를 복구하기 위한 것으로 짐작되고 있다.

영선사 일행의 유학생 파견기간은 약 1년에 이르고 있으나 실제로 공학도(工學徒)들의 학습기간은 6개월밖에 되지 못하여 무비자강(武備自强)을 위한 준비 작업은 차질을 빚게 되었다. 그러나 우리나라는 이들에 의하여 처음으로 서양 과학기술을 체계적으로 배우는 한편, 이때에 과학기술서적을 대량으로 도입함으로써 그 후 과학기술을 섭취할 수 있는 토대를 마련하였다는 점에서는 뜻이 크다고 하겠다.

상운은 1885년 우리나라 최초의 통신선인 서로(西路, 서울-인천) 전선을 개설할 때에 전무위원(電務委員)에 임명되었고, 1887년 남로(南路, 서울-부산) 전선의 개설 시에는 전보국위원(電報局委員)이 되었다. 조한근(趙漢根)은 1887년 전보국의 주사가 되어 북로(北路, 서울-원산) 전선가설의 주무자가 되는 등 그들 모두가 우리나라 근대화에 공헌하였다. ✎

2

경복궁의 전등사업

景福宮全圖

景福宮

조선왕조의 초기 개화정책은 1878년부터 태동하기 시작하여 1880년대에 들어서면서 급속히 실현되어 갔다. 이 개화정책은 수구파(守舊派)의 반발과 외세의 간섭 등으로 그동안 적지 않은 시련을 겪으면서도 줄기차게 진전되었던 것이다. 그 결과 1884년까지는 국가기구의 개편, 사절단과 유학생의 해외파견, 근대적인 신문의 창간, 신식 교육기관의 설치, 우정(郵政)사업의 착수, 근대적 산업시설의 대두 등 몇 가지 중요한 성과를 거두었다.

한국 최초의 전기시설인 경복궁의 전등사업도 이처럼 당시 조선 정부가 주동이 되어 벌인 개화정책의 일환으로 추진되었다. 이 전등설비는 1884년, 미국에 발주되었다가 그동안 갑신정변으로 도입이 정지되는 등 우여곡절을 겪은 다음, 1887년 3월에 점등됨으로써 이 땅에 처음으로 문명의 빛을 밝혔다. 경복궁의 전기 점등은 당시 동양의 왕궁으로서는 중국의 자금성은 물론이고 일본의 궁성보다도 2년을 앞지른 선구적인 사업이었다.

경복궁 전기등소

전등설비의 발주

보빙사(앞줄은 왼쪽부터 홍영식, 민영익, 서광범, 뒷줄은 오른쪽부터 변수, 고영철, 유길준, 최경석 등이다.)

고종황제는 1872년부터 건청궁에서 외국 사신들을 접견하였는데, 1882년 5월 22일 제물포에서 체결된 조·미수호통상조약(朝美修好通商條約)을 계기로 미국 초대 전권공사로 임명된 푸트(Lucius Harwood Foote)의 요청에 따라 1883년 유길준(兪吉濬)[01]을 대표로 하는 10명의 사절단(보빙사)[02]을 미국으로 파견한다.

---

01 조선말의 개화운동가이며 최초의 국비 유학생으로 미국 보스턴에 유학. "아관파천"으로 친일 정권이 붕괴되자 일본으로 12년간 망명하였으나 순종황제의 특면 사면으로 귀국하여 국민 교육과 계몽 산업에 헌신.

02 조선에서 최초로 미국등 서방세계에 파견된 외교 사절단.

유길준은 이때 뉴저지에 있는 에디슨 전기회사를 방문하고 전기 시설을 둘러본 다음 뉴욕헤럴드 신문사와 인터뷰를 하였는데, "우리는 일본에서 전기용품을 관람한 일이 있다. 그러나 전깃불이 어떻게 켜지는지는 몰랐다. 우리는 인간의 힘으로서가 아니라 귀신의 힘으로 불이 켜지게 된다고 생각했다. 그런데 이곳에 와서 비로소 전기가 어떻게 켜지는지 알게 되었다. 또 지금까지 사용하던 석유등 보다 값싸고 안전하다는 것을 알았다. 우리 조선에도 전기를 사용하고 싶다."라고 말한 것으로 되어 있다.(1883.10.15 뉴욕헤럴드)

그리고 조선정부는 1884년 9월 4일 에디슨전기회사의 전기시설을 왕궁에 설치해 줄 것을 요청하는 서신을 보냈으나 이 전등설비는 1884년 12월에 일어난 갑신정변03으로 개화파가 몰락함에 이르러 한때 구매가 정지되었다가 1885년 6월에 도입업무가 다시 재개 되었다.

한편 전등설비를 수주한 에디슨은 1885년 6월에 뉴욕주재 조선 총영사인 프레이자(Everett Frazar)04를 에디슨 전등 플랜트사업의 조선 총대리인으로 지정하고 설비 확충 및 기계 판매를 위한 권한을 부여하였다. 그리고 이미 발주된 전등설비의 대금결재 등은 동경에 지사를 둔 미국 무역상사(American Trading Co)가 대행하게 하였다. 이 회사의 사장

---

03 1884년 김옥균을 비롯한 급진개화파가 개화사상을 바탕으로 조선의 자주독립과 근대화를 목표로 일으킨 정변.

04 1834년 미국 메사추세츠 출생, 중국 등 대 아시아 무역에 종사 하던 중 1883년 미국을 방문한 민영익 등 사절단을 수행하여 조선과 인연을 맺고 주한 미국 공사 푸트의 추천으로 고종이 뉴욕주재 조선 총영사로 임명하였다.

모스(James R. Morse)는 그가 인천에 설립한 모스-타운센드 상사(Morse & Townsend Co)의 타운센드(Walter D. Townsend)로 하여금 이 업무를 수행토록 하였다. 따라서 이후부터 에디슨 전등플랜트의 대한(對韓) 교역창구는 프레이자와 타운센드에 의하여 이루어지게 되었다. ✎

전등설비 공사와 점등

건청궁의 최초 전기 점등(전기박물관모형)

　국에 발주된 전등설비는 선편으로 일본의 나가사키 항까지
　와서 그 곳에서 일본 선적의 쓰루가마루 선에 옮겨 싣고 1886
년 12월, 인천에 도착하였다. 그리고 다시 내륙 하천용의 작은 기선(汽
船)에 옮겨져 한강을 통하여 용산에 도착한 후 하마차(荷馬車)를 이용
1887년 1월말 경복궁에 도착하였다.

　한편 이 전등설비의 설치와 운전을 담당하게 될 맥케이(William
McKay) 등 2명의 미국인 전기 기술자도 전등설비와 함께 쓰루가마루
선편으로 인천에 도착, 육로를 통하여 곧 바로 서울에 들어왔다. 그

경복궁내 발전설비 위치

리고 전등공사를 위한 준비 작업에 착수하였다.

경복궁의 발전시설은 향원지(香遠池) 북쪽의 취향교(醉香橋)(이 교량은 뒤에 남쪽의 현 위치로 이전됨)와 어정(御井) 사이에 설치되었다. 이곳에 위치를 선정한 것은

① 향원지와 인접하여 발전용수의 취수가 용이하고
② 주변의 공간이 넓어서 시설물 설치에 적합하며
③ 궁궐내의 중심부 가까이에 위치하여 각 전각에 대한 근거리 배전이 유리한 여건들이 감안된 것으로 보인다.

이 발전설비는 보일러, 엔진, 발전기, 배전반 등으로 구성되어 16촉광[05]의 백열등 750개를 점등할 수 있는 규모였다. 도입가격은 2만 4,525달러(나가사키-인천 간 운임 제외)이고 발전연료는 석탄을 사용하였다.

이 경복궁의 전등설비가 처음 점등을 시작한 시등일(始燈日)에 대하여는 종전에 이설(異說)이 분분하였다. 그 원인은 사료가 단편적인 데다가 그 내용도 각기 구구하기 때문이다.

그러나 자료에 나타난 전등사업의 진척상황을 공사의 종합적인 준공시기와 전각(殿閣)별 전기 공급 시기의 두 단계로 구분하여 파악

---

05 Foot candle, Candle Power: 1피트 거리에 있는 표준 양초의 조명도를 나타내는 국제 광도의 단위.

한국의 전기 발상지 표석

하면 다음과 같은 결론을 얻을 수 있다.

① 발전설비의 규모로 미루어 당초 이 사업은 경복궁 전체에 전기
를 공급하고자 한 계획 사업이었으며

② 전등 사업은 두 사람의 기술자에 의하여 발전설비 설치와 전
등가설 공사가 동시에 진행 되었다.

③ 배전설비는 그 전각의 중요도 및 발전설비와의 거리에 따라서
단계적으로 이루어졌으며

④ 이렇게 배전설비가 끝난 건물에는 전체공사가 완성되기 이전
에도 단계적으로 전기를 공급하였던 것이다.

이러한 관점에서 이 사업을 파악할 때 경복궁의 전등공사가 종합적으로 준공한 시기는 1887년 4월 18일 이후의 일이다. 그러나 고종과 왕비의 침전(寢殿)이었던 건청궁(乾淸宮)에 대하여는 1887년 3월 9일 이전에 이미 전기가 공급되고 있었고 이 건청궁에 처음 점등된 시기는 『선청일기(宣廳日記)』[06]의 기록에 의하여 1887년 3월 6일로 추정되고 있다.

그러나 이 전등설비는 불행하게도 가동한 지 3일째인 3월 8일 전기기술자인 맥케이가 그의 권총을 만지던 호위병의 오발로 다음 날 아침에 사망함으로써 가동이 당분간 중단되고 말았다.

맥케이는 스코틀랜드에서 출생하여 미국 동부 로드아일랜드 워릭(Warwick)으로 이주하여 경복궁 전기기술자로 조선에 왔는데 당시 23세로 아내와 어린 자녀를 두고 있었다.

조선인 호위병는 투옥되어 심한 태형(笞刑)[07]을 받고 사형을 언도받았으나 맥케이가 숨을 거두기 전에 "그가 고의적으로 나를 쏜 것이 아니므로 처벌 받아서는 안 된다"라는 뜻을 강력히 표시했고 맥케이의 미망인과 주한미국공사 록힐(W. W. Rockhill)의 노력으로 무죄방면이 되었다. ✍

---

06 조선시대 국왕직속 특수 무관부였던 선전관청(宣傳官廳)의 업무일지.
07 작은 형장(荊杖)으로 볼기를 치는 오형(五刑)의 하나인 형.

전기기술자의 초빙

경복궁 전등설비의 관리와 운영을 관장하였던 내무부 공작사(工作司)는 1887년 3월 9일에 사망한 맥케이와 또 한 사람의 미국인 전기기술자의 후임으로 영국인 페비가(Febigar), 포사이스(Forsyth)와 같은 해 9월 1일에 고빙계약(雇聘契約)을 체결하였다. 이에 따라서 경복궁 전등설비의 운영은 이날(포사이스는 10월 1일)부터 페비가 등이 담당하게 되었던 것이다.

에디슨 전기회사의 전경

그러나 맥케이의 죽음으로 한 때 중단되었던 전등설비는 페비가 등이 초빙되기 이전에 이미 맥케이의 동료였던 또 한 사람의 미국인 기술자에 의하여 곧 계속 공사와 함께 운전도 재개되었을 것으로 짐작되고 있다. 그 이유는 이 설비의 공급과 시공을 담당하였던 에디슨 전등회사(Edison Lamp Company)는 계약에 따라서 계속 이 공사를 완성해야 할 책임이 있었을 뿐 아니라 궁궐의 전기 공급을 6개월이나 장기간 중단할 수 없었기 때문이다.

한편 조선정부가 페비가와의 계약서 제4조에서 한국인 전기학도의 양성에 대한 의무를 부과하고 있는 사실은 주목할 만하다. 이렇게 양성된 학도의 활동에 대하여는 직접적인 기록은 없으나 그들의 일부는 뒤에 외국인 전등교사의 보조원으로 활용되었던 것으로 믿어지고 있다.

이 계약서에서 규정한 페비가의 월급은 200달러로 되어 있다. 당시의 수준으로는 매우 후한 대우라고 할 수 있다. 결국 조선정부는 이 보수를 언제나 제때에 지급하지 못함으로써 외교적인 문제로까지 야기되었었다.

전등교사 페비가(1887.8~1889.8)의 후임으로는 미국인 페인(Paine, 1889.9 ~1891.8)과 파워(Charles W. Power, 1891~1894.7) 등이 뒤를 이었다. ✁

전등시설의 운영

최초의 전기등이 켜진 영훈당 터

경복궁의 전기시설은 에디슨이 개발 제작한 전등플랜트를 일본과 중국 등에 판매를 촉진하기 위한 모델플랜트로 시공되었다. 따라서 이 시설은 당시 동양에서는 유일한 일류시설이었다.

그러나 이 설비의 운영에 소요되는 발전연료비(석탄)와 외국인 기술자의 인건비 등의 운영비는 당시 어려웠던 정부와 왕실의 재정에 큰 부담이 되었다. 그리고 고종은 임오군란과 갑신정변이래 정란(政亂)이 밤을 이용하여 일어나는 것을 두려워하여 그 예방책의 하나로 궁궐안의 전등을 최대한으로 이용, 새벽까지 휘황하게 밝히는 등 낭비가 심하였다. 그 결과 경복궁의 전등설비는 국민으로부터 비난의 대상이 되어 관원과 유림들 사이에는 이러한 사치생활을 절제하도록 상소를 하는 사람도 있었다.

경복궁의 전등설비를 두고 '건달불'이라는 달갑지 않은 누명이 전하여지고 있는 이유도 이러한 당시의 분위기와 함께 일본인들의 역사 왜곡과 과장된 기록 등에서 비롯되었던 것이다. ⟋

제2전등소의 설치

제2전등소 설치당시 창덕궁의 모습

경복궁의 전등소가 오랜 사용으로 시설이 노후 됨과 동시에 창덕궁 전화계획(電化計劃)의 결정으로 설비의 확충이 필요함에 따라서 정부는 제2전등소의 건설을 추진하기에 이르렀다. 이 계획은 고종의 칙교(勅敎)[08]로 이루어져 내무부 공작사의 주관 아래 1892년 이채연(李采淵) 주미서리공사와 미국무역상사(American Trading Co)사이에 시설 구매계약이 체결되었다. 대금결재는 미국무역상사가 담당하되 제

---

08   임금이 몸소 타이르는 말.

작사와 시설물의 선정 및 설치공사는 조선정부가 초빙한 미국인 전등교사 파워(Charles W. Power,)가 전담하는 조건이었다.

파워는 우수한 시설물을 확보하기 위하여 미국 내의 여러 제작사로부터 전등설비의 주기기와 부품들을 분할 구매하였다. 이 설비들은 선박 편으로 일본 고베 항을 거쳐 1893년 6월 1일 제물포에 도착하였다.

이 시설의 대금은 당초 파워가 뉴욕에서 한국으로 출발할 때 1만 달러, 그리고 나머지 3만 7,000달러는 설비가 제물포에 도착한 다음 즉시 인천 감리서(監理署)09에서 지불키로 되어 있었다. 그러나 재정형편이 어려웠던 조선정부는 이를 약정한 시기에 이행하지 못하였다. 그 결과 1개월 이상이나 시설을 인수하지 못하고 있다가 주한미국서리공사 헤롯(Joseph R. Herod)의 적극적인 개입으로 같은 해 7월 13일에 먼저 1만 달러를 지불한 다음 나머지도 곧 청산이 되었다.

조선정부는 당초 이 전등시설을 향원지 옆에 있는 종전의 제1전등소 자리에 설치할 계획이었다. 그러나 설비규모가 대형화됨에 따라 경음과 미관상의 문제점 등을 고려하여 이 제2전등소는 경복궁 동북쪽 모퉁이 광장(전 국립중앙박물관 자리)에 1894년 5월 30일에 준공되었다. 시설의 규모는 240마력의 증기설비(蒸氣設備)와 16촉광의 백열전등 2천 개를 점등할 수 있는 발전설비 등으로 구성되어 있었다. 이 전등소의 준공과 함께 창덕궁(昌德宮)에도 처음으로 전기가 공급되었다. ✒

---

09 개항장(開港場), 개시장(開市場)의 통상(通商) 사무(事務)를 맡아보던 관아(官衙).

3

한성 전기회사의 설립

HISTORY OF ELECTRICITY

漢城電氣

한성전기회사의 설립

고종과 콜부란의 사진

한성(漢城)전기회사의 설립은 당시 열강들의 이해관계가 한반도에서 날카롭게 대립한 가운데 극비리에 추진되었다. 고종은 일찍부터 수도인 한성 시내의 전기사업에 깊은 관심을 가져왔다. 그는 1896년말 이래 주한 미국공사 알렌(Horace N. Allen) 및 경인철도부설공사의 청부인(請負人)으로 조선을 방문 중이었던 콜부란(Henry Collbran)[01]

---

01 1852~1925 영국 출생으로 미국 남동부로 이주하여 철도사업에 종사, 조선의 전기사업 시작에 크게 관여.

과 접촉, 서울시내의 전기사업을 왕실의 기업으로 설립하되 시공과 운영은 콜부란이 담당하기로 합의하였다.

그러나 러시아 등 열강에 대하여는 비밀을 유지, 간섭을 피하기 위하여 관계와 재계에 영향력이 있었던 이근배(李根培), 김두승(金斗昇) 등 두 사람의 이름으로 1898년 1월 18일자로 한성전기회사의 설립과 서울시내의 전차, 전등, 전화 사업의 시설 및 운영권을 정부에 신청했다. 그리고 같은 해 1월 26일자 농상공부대신(農商工部大臣)의 허가를 받았다.

한성전기회사의 자본금은 일화 30만 엔, 이 자본금은 공모(公募)하며, 허가기간은 35년간이었다. 그러나 이 회사는 이와 같은 회사의 장정(章程)[02]과는 달리 실제로는 고종이 단독으로 출자함으로써 왕실의 기업으로 설립 운영되었다.

한성전기회사의 설립과 운영은 은둔의 나라 조선의 근대화를 촉진하는 데 결정적인 계기가 되었다. 그러나 고종이 이 사업을 왕실의 기업으로 추진하게 된 배경으로는 다음 몇 가지 사실을 들 수 있다.

첫째는, 고종의 전기사업에 대한 깊은 관심이다. 그는 경복궁의 전기점등 이래 전기사업에 대해서는 평소 남다른 이해와 관심을 표명하여 왔다. 그는 전기사업을 통하여 나라의 근대화도 촉진될 수 있다고 믿고 있었다. 동시에 그는 홍릉에 행차할 때마다 소요되는 막대한 경비(10만 엔)를 줄일 수 있는 편리한 교통수단을 갖기를 소원하고 있었다.

---

02 조목(條目)으로 나누어 정(定)한 규정(規定). 법도(法度) 또는 규정(規定)의 개조서.

한성전기회사 초대사장 이채연(오른쪽에서 2번째)

둘째는, 전기철도의 운영으로 얻어지는 수익에 대한 기대이다. 그무렵, 고종은 재정고문(財政顧問)의 교체로 일화 10만 엔을 갖고 있었다. 그는 그 돈을 안전한 곳에 위탁하여 증식(增殖)할 것을 바라고 있었다. 그런데 당시의 여론은 전기철도의 운영은 채산성이 높아서 기업 상의 성공도 충분히 가능한 것으로 인식되고 있었다.

셋째로, 고종은 전기사업의 시공과 운영권을 미국인에게 줌으로써 나라와 왕실의 안전을 도모하고자 하였다. 당시 조선정부는 운산(雲山) 광업권(1895)과 경인철도 부설권(1896)을 미국인에게 주고 있었다. 조선의 미국인에 대한 이러한 이권 허가는 전적으로 "미국정부와 국민들로 하여금 조선에 관심을 갖게 하고, 또 청국이나 일본을 견제

하면서 도움을 받기 위한 수단"으로 제공되었다. 더욱 이 한국의 전기사업은 일찍부터 미국인에게 있어서는 철도 및 광산과 함께 3대 권리중의 하나로 간주되었던 것이다.

한편, 한성전기회사가 설립되었으나 초대사장에 한성판윤(漢城判尹)[03]인 이채연(李采淵)[04]이 임명되었을 뿐이고 그 밖의 모든 업무는 처음부터 콜부란과 그의 고용원에 의하여 운영되었다. 이채연은 당시 친미파의 영수였다.

윤치호(尹致昊)는 1900년 12월 14일자 그의 일기에서 이채연을 '미국과 왕궁을 중계해 주는 유용한 노예'라고 비난하고 있다. 그는 한성전기회사의 설립과 전차사업의 건설 및 운영권을 콜부란에게 주는 데에도 막후교섭을 담당하였다. ✎

---

03 조선시대 한성부를 다스리던 정2품 관리로 행정과 사법 업무를 겸하였다. 오늘날의 서울특별시장, 서울중앙 법원장, 서울중앙지방검찰청 검사장에 해당된다.
04 1861~1900 조선말기 문신, 한성판윤을 연임하면서 서울의 도시계획을 추진하였으며 독립협회 창립에 참여함.

한성전기회사의 전차사업

종로의 전차궤도 부설공사 모습

한성시내의 전차, 전등 및 전화 사업을 허가 받은 한성전기회사는 먼저 전차사업부터 착수하였다. 그 이유는 당시 대중교통수단의 개설이 시급한 과제였을 뿐 아니라 전차사업이 채산성도 높은 것으로 기대되었기 때문이다. 당시 수도 한성의 인구는 약 21만 명으로 추산되고 있는 반면에, 시내에는 아무런 대중교통수단이나 유흥시설도 없는 실정이었다.

한성전기회사의 제1차 건설계획은 남대문에서 종로와 동대문을 거쳐 홍릉(洪陵)에 이르는 약 6마일의 단선 궤도(軌道)와 발전설비의 시설 및 10대의 전차를 설비하는 사업이었다.

이 사업의 건설계약은 1898년 2월 1일에 한성전기회사 사장 이채 연과 콜부란 사이에 체결되었다. 총 건설비는 일화 20만 엔, 1차지불 금 10만 엔은 계약서명과 동시에 지불하고, 중도금 2만 5천 엔은 같은 해 5월 15일까지, 그리고 잔금은 시설의 건설이 완료되어 한성전기회 사에 인도되는 날 지불하는 조건이었다.

이 계약은 콜부란에게 일방적으로 유리하게 작성된 전형적인 불 평등계약이라고 할 수 있다. 사양서의 내용이 극히 개략적이어서 콜 부란의 재량권이 광범위한 반면에, 그는 재산상 어떠한 피해도 부담 하지 않도록 철저한 보장을 받고 있었다. 그와 동시에 그는 건설비의 절반은 선금으로 받고 있다.

그리고 특히 주목할 사실은 잔금 7만 5천 엔의 지급을 담보하기 위하여 한성전기회사의 전 재산에 대하여 저당권을 설정한다는 대 목이다. 이와 같은 불리한 계약 때문에 고종은 뒤에 콜부란에게 한성 전기회사의 모든 재산과 특허권을 넘겨주는 결과를 가져오게 된다.

콜부란은 이 전기철도의 건설과 기자재 설치를 담당할 기술책임 자로 일본 경도전기철도(京都電氣鐵道; 1895년 1월 개통)의 설계자인 헤이이 치로(미국 공학사)를 위촉하였다. 그리고 기자재 가운데 발전설비는 요 코하마의 프레이자상회와 공급계약을 체결하고 전차와 궤도설비는 일본에서 구입하였다.

전차궤도는 처음 남대문과 홍릉 사이에 부설할 계획이었다. 그러 나 당시 건설 중이던 경인철도의 서대문역과 연계시키기 위하여 중간

동대문 발전소의 발전기

에 서대문~홍릉으로 계획을 변경하였다. 발전설비는 현재 동대문 종합시장 자리에 75kW의 직류발전기 1대와 125마력의 보일러 및 115마력의 엔진 각 1대를 시설하는 계획이었다. 건설공사는 1898년 9월에 착공되어 다음 해 4월에 완공되었다.

전기철도의 건설 및 설치공사가 완성됨에 따라서 한성전기회사는 1899년 4월 29일, 다시 콜부란과 전차시설의 운영계약을 체결하였다. 이 계약 역시 건설계약과 마찬가지로 콜부란은 전기철도의 운영에 절대적인 권한을 보유함과 동시에, 어떠한 상황 하에서도 재산상의 피해를 막을 수 있는 장치를 강구하고 있다. 그리고 그는 또한 운영에 대한 용역비로서 전차사업의 모든 수입과 지출에 대하여 각각 12%의 보상을 받는 엄청난 특혜를 보장 받았다.

건설공사가 완성됨에 따라서 한성전기회사는 1899년 5월 1일에 개통식을 가질 예정이었다. 그러나 발전설비의 미비로 두 차례나 연기된 끝에 같은 해 5월 4일 최초의 전기철도가 동대문과 흥화문(興化門)[05] 사이에서 개통되었다. 이는 인천~노량진 간의 경인철도가 개통되기 4개월 전의 일이며, 우리나라 대중교통에 새로운 혁명을 가져온 역사적인 순간이었다. 개통식을 마친 전차는 그동안 각종 시험과 점검을 끝내고 5월 20일부터 시민에게 공개, 상업운전에 들어갔다. ✓

---

05   조선 광해군 8년(1616)에 세운 경희궁의 정문.(현재 서울시 종로구 신문로)

전차사업과 전등사업

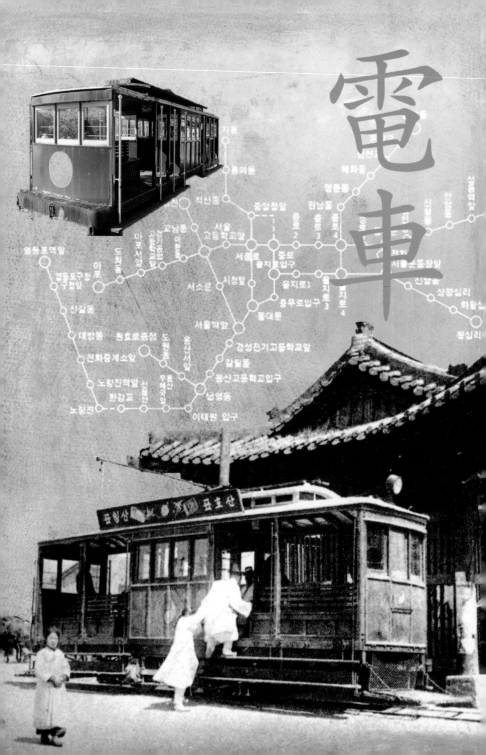

전차사업의 시작

개통 당시의 전차 사진

전기철도가 상업운전에 들어간 후 5월 26일, 한 대의 전차가 파고다공원 앞에서 철로를 횡단하던 어린이를 치어서 숨지게 하는 사고가 발생하였다. 격분한 군중들은 일본인 운전원을 폭행하여 중상을 입히고 전차 2대를 방화했다. 그리고 다시 동대문 옆에 있는 발전소를 향해 몰려갔다. 시민들은 그 당시 극심했던 가뭄이 풍수지리적으로 용(龍)의 등에 해당하는 곳에 발전소를 세운 탓이라고 믿고 있었다.

소요가 발생하자 콜부란과 그의 미국인 종업원들은 전원이 총기로 무장하고 몰려오는 군중들에게 공포(空砲)를 발사했다. 그리고 발전소 주위의 철조망에는 600V의 전류를 흘려서 군중들의 접근을 막았다. 다행히 폭동은 한국 군인의 출동으로 더 이상 확대되지는 않았다. 그러나 이 사고의 영향은 두 가지 방향으로 발전해 갔다.

첫째는, 일본인 종업원의 철수와 그에 따른 전차운행의 중단이다. 당시 전차의 운전원은 모두 일본인이었고, 차장은 한국종업원이 담당하고 있었다. 사고 후 일본인 종업원은 콜부란에게 ① 전차마다 일본 영사경찰관 1명을 배치할 것 ② 그렇지 못할 경우, 승무원에게 권총을 휴대토록 할 것 ③ 만일의 경우에 대비하여 유족(遺族) 보호대책으로 상당한 금액을 은행에 공탁이할 것 등을 요구하였다. 그러나 콜부란은 "전차사업은 서비스업이므로 경찰관의 배치와 권총의 휴대는 할 수 없다."고 거절하였다. 그 결과 협상은 결렬되고 운전원 10명과 기관사 2명 등 일본인 종업원이 전원 귀국함으로써 전차의 운행은 중단되고 말았다.

둘째로, 이 사고는 그의 수습대책을 놓고 조(朝)·미(美)간에 의견이 엇갈려 외교문제로까지 확대되었다. 고종은 사고 다음날에 조서(詔書)[02]를 내려 사고내용의 조사, 피해자 유족에 대한 휼금(恤金)[03]의 지불, 사고예방대책의 강화 등을 지시했다. 그리고 정부는 사고의 감

---

01 변제, 담보, 보관등의 목적으로 금전, 유가증권 및 기타 물건을 공탁소에 맡겨 보관 하는것.
02 제왕(帝王)의 선지를 일반(一般)에게 알릴 목적(目的)으로 적은 문서(文書).
03 정부(政府)에서 이재민(罹災民)에게 치르는 돈.

전차매표소와 계수기

독책임을 물어서 농상공부대신(農商工部大臣)에게 견책처분을 내렸다.

한편 사고가 발생하자 주한 미국공사관 측에서는 전차를 파괴한 범인의 처벌, 미국인의 인명과 재산의 보호, 유사 사태의 재발 방지, 농상공부대신에 대한 견책처분의 취소 등을 요구하였다. 이 문제는 결국 한국정부가 소요의 주동자 4명을 처벌하고 양국 간에 사고 예방대책에 합의함으로써 일단락되었다.

한편, 일본인 종업원들의 철수로 운행이 중단되었던 전차는 콜부란이 미국으로부터 운전원 10명과 기관사 등을 급거 초빙함으로써 같은 해 8월 10일부터 운행이 재개되었다. 그리고 전차에는 사고의 예방을 위하여 경종(警鐘)과 방호기(防護器) 등도 설비하였다. 운행구간도 종전의 서대문~동대문에서 서대문~청량리로 연장됐다. ✎

전차사업의 확장

최초의 전차

한성전기회사는 서대문~청량리 사이의 철도건설공사가 일단 완료되자 제 2단계로 종로~남대문, 남대문~용산 간에 궤도를 연장키로 하고 1899년 4월 25일 콜부란과 건설계약을 체결하였다.

계약의 주요내용은, 콜부란은 ① 종로~용산 간 궤도를 부설함과 동시에 ② 용산 강항(江港)에 승객과 물자소송에 편리한 정거장의 건설 ③ 5대의 화물전용차량의 제공 ④ 한성전기회사 본사(동대문발전소 구내)와 용산역 사이에 전용전화선 가설 등의 용역을 제공키로 하였다. 그리고 한성전기회사는 ① 건설 및 용역비로 일화(日貨) 14만 엔을 제공하며 ② 철도의 건설과 운영에 필요한 물자의 수입에는 관세(關稅)를 면제하는 것 등을 규정하고 있다.

당시의 용산은 이른바 구용산(舊龍山)으로서 지금의 원효로 일대이다. 그리고 구한말시대에는 현 용산전자상가 자리에 강항(江港)이 있었다. 이 용산항에는 청국과 일본의 전용부두까지 있어 인천으로부터 100톤 급의 선박도 취항하고 있었다. 그 결과 이전에는 인천에서 주로 행하여졌던 양곡거래가 용산과 마포, 서강에서도 이루어지는 등 용산은 서울의 관문인 동시에 물화(物貨)의 집산지로서 크게 번창하고 있었다. 한성전기회사와 콜부란은 이러한 용산의 지리적인 이점에 착안하여 철도를 이곳까지 연장함과 동시에 화차전용 차량과 그 하역시설도 갖추었던 것이다.

그리고 그 당시에는 지금의 서울역에서 한강철교에 이르는 철도의 좌우 양쪽 넓은 들판은 사촌리(沙村里). 또는 사리(沙里)라고 하여 적막한 모래판을 이루고 있었다. 홍수가 나면 남대문 근처까지 물이 들어와서 그 일대는 인가도 없었다. 그러므로 이때의 전기철도는 남대문에서 서울역 뒤편 욱천(旭川)[04]의 서쪽해안, 즉 지금의 서계동과 청파동을 거쳐 원효로에 이르는 길을 따라서 부설되었다. 건설공사는 1899년 5월에 착공, 같은 해 12월 20일 준공식을 갖고, 21일부터 상업운전에 들어갔다.

한편, 이 용산선의 건설이 착공되자 주한일본공사는 한국정부에

04　무악재에서 발원하여 원효로를 따라 흐르는 만초천의 일제강점기 이름.

대하여 "경인철도회사보다 뒤에 건설허가를 받은 한성전기회사가 경인철도와 교차하여 전기철도를 부설하는 것은 경인철도의 기득권을 침해하는 행위"라고 항의하였다. 개통 당시 경인철도의 종착역인 서대문역은 지금의 적십자병원 자리에 위치함으로써 의주로를 거쳐 남대문 역(지금의 서울역)과 연결되어 있었다. 이 때문에 한성전기회사의 용산선은 염천교 부근에서 경인철도와 교차하게 되어 있었다. 일본 측은 이것이 부당하다고 트집을 잡은 것이었다.

그러나 이 문제는 미국공사관의 적극적인 개입과 행동으로 크게는 확대되지 않았다. 알렌은 한성전기회사에 대한 일본 측의 이와 같은 방해 행위는 "그들이 한국에서 전기사업의 이권을 획득하기 위한 공작의 하나"라고 지적하였다. ◢

전등사업의 시작

진고개 거리

전차 폭동으로 중단되었던 전차는 1899년 8월 10일부터 다시 운행이 재개되었다. 전차의 앞뒤에는 방호기와 경종(警鐘)을 설치하는 등 사고의 예방대책도 강화되었다. 종로 등 주요한 위치에는 매표소도 설치되었다. 운행구간도 서대문에서 청량리까지 연장되었다. 시민도 차차 전차에 익숙해졌다.

전차사업이 안정됨에 따라서 한성전기회사는 지금까지 낮에만 운행하던 전차를 1900년 4월 9일을 기하여 먼저 청량리~서대문, 청량리~남대문노선부터 밤 10시까지 운행을 연장키로 하였다. 그리고 전차의 연장운행에 대비, 한성전기회사는 승객의 이용이 많은 정거장과 매표소 주변의 조명을 위하여 4월 10일부터 종로에 세 개의 가로등을 점등하였다. 이 전등은 실로 우리나라 민간사회에 켜진 최초의 전기점등이 되었다. 이에 1966년부터 이 날을 '전기의 날'로 제정하여 기념하고 있다.

한편, 한성전기회사는 1898년 2월 1일에 체결된 남대문~청량리 간 전기철도건설계약에 의거, 같은 해 8월 15일 서울시내 전등설비 설치에 관한 계약을 콜부란과 체결하였다. 이 계약에 따라서 콜부란은 발전설비의 증설을 포함한 전등설비를 1901년 2월까지 완성하며, 한성전기회사는 이의 대가로 총 공사비 일화(日貨) 32만 엔을 지급키로 하였다.

그러나 이 협정은 한성전기회사가 제1차 지불금 20만 엔을 기간 내에 지불하지 못하고 기자재 가격이 상승함으로써 협정에 의거 1900년 8월 15일에 수정계약이 체결되었다. 이에 따라서 공사비 총액은 32만 엔에서 37만 엔으로 조정되었다. 수정계약이 조인되고 공사비 일부가 지급됨에 따라서 그 해 10월부터 발전설비 증설공사가 동대문발전소에서 착공되어 이듬해 봄까지 완성되었다. 주요설비는 125마력의 보일러 2대, 200마력의 엔진 2대, 그리고 125kW의 직류(直流), 교류양용(交流兩用)의 발전기 2대 등이다.

발전설비의 증설과 함께 배전시설공사도 동시에 추진되었다. 전등 보급의 첫 대상은 당시의 궁궐이었던 경운궁(현 덕수궁)을 비롯하여 외국공관이 모여 있는 정동(貞洞)과 일본인 상가지역인 진고개, 그리고

평양의 왕복노선 전차

남대문 및 서대문지역으로 계획되었다. 배전선은 먼저 전차용 배전주 (配電柱)를 따라 가설하고, 그 뒤부터의 연장선은 별도로 배전 전주를 세워서 가설하였다. 이렇게 시설공사가 완성됨에 따라서 1901년 6월 17일, 그 첫 번째로 경운궁에 전등을 점등하였다. 이것이 우리나라 최초의 영업용 전등이다. ✎

철도의 신설과 연장계획

남대문 노면전차(1903)

한성전기회사는 서울시내의 전기사업에 이어 1899년 9월에 한 강의 거야위(巨野渭)포구와 송도(松都)간의 경편철도부설권(輕便 鐵道敷設權)을 농상공부에 청원, 같은 해 9월 30일자로 허가를 받았다. 그리고 같은 날 한성전기회사는 콜부란과 이 철도의 건설 및 자재공 급에 관한 예비협정서(豫備協定書)에 서명하였다. 이 경편철도부설권의 청원은 콜부란의 제의에 따라서 한성전기회사 사장 이채연의 명의로 청원되었으며, 콜부란은 그 이권의 제안자로서 건설 및 자재공급권을 확보한 것이다. 그러나 이 계획은 끝내 실현되지 못하였으나, 이 철도 부설권은 한성전기회사의 이권(利權)의 하나로 유보되어 왔다.

한성전기회사는 용산선이 준공된 다음 1900년 4월 28일 콜부란, 보스윅(H. R. Bostwick)과 금곡선(金谷線) 및 덕소지선(德沼支線)의 건설을 위한 예비협정을 체결하였다. 당시 조정에서는 홍릉(洪陵)[05]이 풍수지리상 좋지 않다고 하여 금곡(金谷)으로 이장할 계획 하에 콜부란으로 하여금 능원로(陵園路)를 건설토록 하였다. 콜부란은 이러한 기회를 이용하여 이 능원로를 따라서 전기철도를 건설함과 동시에 덕소까지 지선을 연장할 계획을 추진하였다. 그는 특히 덕소선(德沼線)에 대하여는 용산선(龍山線) 못지않게 승객과 화물수송에 의한 수익을 기대하고 있었다.

콜부란은 이 예비협정에 의거 측량을 끝마침과 동시에 건설계획과 사양서를 제작했다. 그리고 이 계획서와 사양서에 의거 1900년 2월, 한성전기회사와 공사비 일화(日貨) 72만 엔에 달하는 본 계약까지 체결하였다. 그러나 홍릉의 이장이 시기가 맞지 않는다고 하여 이듬해인 1902년으로 연기되는 등 계속 연기되었다. 뿐만 아니라 기존 전차선로에서 오히려 영업 손실이 발생하게 되자 일부에서 이 연장계획을 반대함으로써 끝내 중단되고 말았다. 알렌도 이 계획을 "돈을 낭비하는 전혀 무의미한 일"이라고 반대하였다.

---

05 조선 제26대 왕 고종의 비 명성황후(明成皇后) 민씨 무덤, 1919년 3월 4일 경기도 남양주군 금곡리 현 위치에 예장되었고, 그때 명성황후의 능(청량리 위치)이 풍수지리상 불길하다는 이유로 이장되어 고종의 능에 합장되었다.

한미(韓美)전기회사의 발족

한성전기회사 신문광고

러·일 전쟁이 일어나고 사태가 진전됨에 따라서 한국정부가 첫 번째로 의지한 나라는 미국이었다. 미국은 한국과 수교한 최초의 서양 국가이고, 한국에 최초의 현대식 교육기관을 설립하였으며, 개신교(改新敎)를 소개하고 전차 및 전등설비를 공급하는 등 정치, 경제, 문화면에서 큰 세력과 영향력을 가진 나라였다.

따라서 미국은 다른 어느 국가보다도 한국 황실의 존경과 신망을 받았으며, 한국은 미국을 우호국이상 일종의 동맹국으로 생각했고, 또 그렇게 믿고 있었다. 그러나 국제정치와 국가이익은 미국으로 하여금 러일전쟁에서 일본을 지원하여 러시아 세력을 막게 하였다.

전쟁이 벌어지자 고종은 알렌 공사를 자주 찾았고, 미국공사관

에 피난처를 요청하기까지 하였다. 그리고 그는 미국인들이 계속 이
땅에 남아 있게 됨으로써 미국의 보호를 받기 위한 방편으로 콜부란,
보스윅 등에게 문제가 되고 있는 한성전기회사의 사업을 환매(還買)하
거나 또는 한성전기의 재산에서 2분의 1의 주식을 구입하는 데 일본
화폐로 70만 엔을 제공할 것을 제의하였다. 1902년 8월 이래 한성전
기회사의 채무상환문제를 놓고 한미 간에 벌어진 분규로 그동안 실
로 불쾌하게 대하였던 것을 고려하여 광산권(甲山鑛山)까지 주겠다고
약속하였다.

고종의 이러한 제의는 육군참장(陸軍參將)[06] 이학균(李學均)과 궁내
부(宮內部)고문관(顧問官) 샌즈(William F. Sands)에 의하여 2월 11일 콜부란
에게 전달되었다. 경험이 많은 콜부란은 고종의 다급해진 약점을 이
용, 주식대금으로 70만 엔 대신에 75만 엔을 즉시 현금으로 지불하는
것을 조건으로 한미 법인체를 설립하여 한성전기회사의 재산을 이전
하고, 그 주식의 2분의 1을 고종에게 인도할 것에 합의하였다.

한미전기회사 설립을 위한 계약이 1904년 2월 19일, 고종의 대리
인 육군참장 이학균(李學均)과 콜부란, 보스윅 사이에 체결되었다.

한일의정서(韓日議定書)[07]가 조인된 지 6일 만의 일이었다. 미국의
환심을 사기에 바빴던 한국측은 이 계약에서 ① 콜부란, 보스윅이 한
성전기회사의 특허권과 재산의 공인 소유자임을 확인하고 ② 또 새

---

06 구한말 무관 장교 계급으로 대장, 부장, 참장으로 오늘날의 준장의 직위.
07 1904년 2월 23일 러시아 전쟁을 일으킨 일본이 한국을 그들의 세력하에 넣으려고 체결한 외교
문서.

로 설립될 한미전기회사의 운영권자임을 인정함으로써 그동안 쟁점이 되었던 모든 재산과 권리를 그들에게 넘겨주었다. 거기에다가 다시 ③ 고종은 새로이 일화(日貨) 40만 엔이라는 거액을 현금으로 출자하고 35만 엔의 약속어음을 발행하였다. 그리고 ④ 이 35만 엔을 지불하지 못할 경우, 이미 지불한 40만 엔도 몰수된다는 치욕적인 내용까지 규정하였다.

그 반면에 콜부란, 보스윅은 왕실의 이러한 모든 재산과 이권을 송두리째 소유한 다음에는 회사를 미국 본토에서 미국의 법률에 의하여 설립함으로써 한국내의 전쟁상태에 관계없이 미국과 미국 법률의 보호를 받을 수 있게 안전조치를 강구하였다.

계약이 체결됨에 따라서 콜부란, 보스윅은 1904년 7월 18일자로 미국 코네티컷 주 세이부르크 시에서 자본금 100만 달러의 유한회사(有限會社)로 한미전기회사를 설립하였다. 사장에는 밀즈(H. R. Mills)를 선임, 등록하였으나 대리인에 불과하고, 실질적인 사장과 부사장의 직무는 콜부란 및 보스윅이 각각 집행하였다. 이 한미전기회사의 본사는 뒤에 코네티컷 주도(州都)인 하트퍼드로 이전되었다.

한편, 코네티컷 주법에 의하여 회사 설립을 마친 한미전기회사는 1904년 8월 1일 한국에서 정식으로 발족하고, 종로에 있는 사옥에 비로소 한미 양국기를 게양하였다. 그리고 한미전기회사의 설립을 계기로 한미간의 현안 문제가 타결됨으로써 시민들에 의한 소요사태도 진정되어 전차사업은 다시 정상을 되찾게 되었다. ✍

전차선로의 이설과 연장

일제 시대 종로 모습

전차사업이 안정됨에 따라서 콜부란 등은 고종의 승인을 얻어 서대문~마포선의 건설 및 차량의 구입 등 시설확장을 결정하였다. 그리고 그들은 이에 소요되는 사업비와 운영자금을 조달함과 동시에 그들의 재산권을 보다 확실히 확보하는 수단으로써 1905년 말 세이부르크 시에 있는 엠파이어 트러스트 상사(Empire Trust Co.)에 한미전기회사의 재산 일체를 저당하고, 100만 달러 한도의 차입계약을 체결하였다. 그런 다음에 그 회사를 통하여 10년 상환, 년리 6%의 조건으로 30만 달러의 사채를 발행하여 이를 차입하였다.

마포선의 부설은 1906년 7월 4일, 서울의 일본이사청(日本理事廳)[08]에 의하여 그들이 파견한 감독관의 지휘명령을 받는 조건으로 허가되었다. 지금까지 전차사업에 대한 감독은 한국정부 고유의 권한이었다. 그러나 일본은 이미 1905년 4월 1일 '한국통신기관의 위탁에 관한 협정'으로 한국 통신기관의 권리를 박탈했다. 마포선 부설을 계기로 이제 서울의 전기철도까지 간섭하기에 이르렀던 것이다. ✎

---

08 일제는 1905년 을사조약의 조인에 따라 12월 21일자로 일본 왕의 칙령으로 '통감부급이사청관제(統監府及理事廳官制)'를 공포, 중앙에 통감부와 그에 부수된 기구를 설치하고 각지의 영사관 자리에 이사청을 두어 이듬해 2월 통감부와 함께 개청(開廳), 서울과 지방에서 본격적인 한국 침탈(侵奪) 작업에 들어갔다.

궁궐의 전등설비와 수전분규

경운궁 정문 모습

고종이 아관파천(俄館播遷)[09] 이후 환궁하여 거처하는 경운궁에서는 1901년 6월부터 한성전기회사의 전기를 받아서 점등을 해왔다. 그러나 고종은 한성전기회사의 채무분규가 악화되자 1903년 6월, 일본 나가사키의 홈링거 상사(Holme Ringer & Co.)에서 가스엔진 1대와 25kW 발전기 1대를 구입, 경운궁에 도입하였다. 이 발전설비의

---

09 명성황후가 시해된 을미사변(乙未事變) 이후 일본군의 무자비한 공격에 신변에 위협을 느낀 고종과 왕세자가 1896년 2월 11일부터 약 1년간 조선의 왕궁을 떠나 러시아 공관(공사관)에 옮겨 거처한 사건.

설치공사는 홈링거 상사의 기술자 코엔(Thomas A. Koen)에 의하여 같은 해 9월 30일에 완성되었다. 그리고 한국정부는 10월 1일 미공관을 통하여 콜부란에게 경운궁에 대한 한성전기회사의 전기 공급을 중지하도록 통고하고, 이날부터 자체설비로 약 500등의 전등을 점화하였다. 발전설비의 운전은 시공자인 코엔이 계속 이를 담당하였다.

한편, 이에 앞서 경운궁의 발전설비계획이 알려지자 콜부란은 알렌공사 등을 통하여 1903년 4월과 6월 각각 한국정부에 공한(公翰)을 전달하였으나, 정부에서는 경운궁의 자체 전기 공급이 한성전기회사의 장정 11조에 위배되지 않으며, 오히려 "왕실의 고유권한에 속하는 일"이라고 일축하였다.

결국 이 문제는 한미전기회사 설립계약 때 다시 재론이 되어 고종의 양보로 계약서 제11조에 '한미전기회사가 운영되면 왕실의 전등은 한미전기회사의 전기를 사용해야 한다. ……'고 규정되기에 이르렀다. 그러나 경운궁에서는 계약서에 조인한 뒤에도 이를 무시하고 궁궐내의 발전설비를 계속 사용하였다. 뿐만 아니라 1904년 4월, 경운궁에 큰 화재가 발생하여 발전설비의 일부가 손상되었을 때에도 이를 복구한 다음에도 계속 가동하였다. 알렌 등은 이를 계속 항의하고, 타협안까지 제의하였으나 해결을 보지 못한 가운데 알렌의 해임과 정국의 변화로 끝내 흐지부지 되고 말았다.

1907년 7월 20일, 헤이그 밀사사건으로 고종이 양위하고 순종(純宗)이 즉위하였다. 그리고 같은 해 11월 순종은 왕비 및 황태자와 함께 경운궁에서 창덕궁으로 이어(移御)하였다. 이때 창덕궁의 전등시설이

거론되자 일본 통감부[10]는 한미전기회사로부터 수전할 것을 기피하고, 창덕궁내에 발전설비를 설치토록 지시하였다. 헤이그밀사사건에 충격을 받은 통감부가 한미전기회사의 전기사용에 따른 왕실과 미국계 인사들과의 접촉을 막기 위한 조치였다. 이에 따라서 통감부의 통신국 기사 오카모토 게이지로(岡本桂次郎)에 의하여 50kW 규모의 발전설비를 도입, 1908년 9월에 설치공사를 완성하였다. 그러나 그 뒤 경운궁과 창덕궁 등 두 궁궐의 전기사용이 늘어남에 따라서 이들 두 발전설비는 1910년 1월 말을 기하여 폐쇄하고, 2월부터는 일한 와사전기주식회사(日韓瓦斯電氣株式會社)에서 수전하게 되었다. ⚡

10   1906년부터 1910년 8월까지 일본 제국주의가 서울에 황실의 안녕과 평화를 유지 한다는 명분으로 설치한 한국통치기구.

일본인 전기사업체의 진출

인천 제물포항에 상륙 중인 일본군

1876년 강화도 조약[11]이 체결되어 부산, 원산, 인천이 개항되고, 서울에 일본공사관이 설치(1880)되자 이들 개항지에는 일본상인들이 늘어났다. 특히 청일전쟁에서 일본이 승리함에 따라 그 수는 더욱 급속하게 늘어났다.

---

11 1876년 2월 강화도에서 조선과 일본이 체결한 조약으로 일본이 군사력을 동원한 강압에 의해 체결한 불평등조약.

그러나 삼국간섭(三國干涉)[12]으로 일본의 지위가 약화되자 유입인 구는 줄었으나 러일전쟁(1904.2~1905.9)에서 일본이 승리, 통감부를 개설하는 등 한국을 그의 세력권에 두게 됨에 따라서 그들은 한 해 동안 평균 2만 5,000명씩 떼를 지어 몰려왔다. 그 결과 1901년 말에 1만 7,928명이던 일본거류민이 1905년 5만 3,799명, 그리고 1910년에는 17만 1,543명으로 늘어났다.

이처럼 일본거류민이 늘어남에 따라서 1900년 이래 개항지에서는 일본인 거주 지역을 중심으로 소규모의 배전사업이 추진되었다. 그리고 특히 통감부가 설치되어 그들의 지위가 안정되자 일본인 대자본에 의한 전기사업의 진출이 두드러지게 나타났다. 일본인에 의한 전기사업의 침탈이 시작된 것이다. 1901년 9월, 부산전등주식회사(釜山電燈株式會社)의 설립을 시초로, 1905년 1월 인천전기주식회사가 설립되고, 뒤이어 1908년 10월 5일에는 서울에서 일한와사주식회사(日韓瓦斯株式會社)가 설립되었다.

일한와사주식회사는 당시 통감부(統監府)의 부통감(副統監)이었던 소네 아라스케(曾禰荒助)의 아들 소네 간지(曾禰寬治)의 주동으로 추진되었다. 그 무렵 서울에는 이미 전기사업을 독점적으로 경영하는 한미전기회사가 있었다. 따라서 아라스케는 조명에 난방과 취사를 겸할 수 있는 가스에 착안하여 기존의 한미전기회사에 대항, 가스 사업을

---

12 청·일 전쟁 뒤에 맺어진 시모노세키 조약에 관하여 러시아, 프랑스, 독일 3국이 일본에 가한 간섭을 말한다.

출원해서 허가를 받았던 것이다. 그리고 이 회사의 설립과 경영에는 시부사와 에이치(澁澤榮一) 등 동경와사주식회사(東京瓦斯株式會社)의 경영진과 자본이 대거 참여하였다. 이 회사는 일본 통감부 및 군부의 비호와 특혜를 받아 1909년 10월 31일에 가스설비를 완성한 다음, 11월 3일 밤, 진고개의 일본인 거주지에서 첫 점등을 하였다. 이것이 우리나라 가스등 점화의 시초가 되었다.

그런데 이보다 앞서 시부사와 에이치와 오쿠라 등 동경의 유력한 실업인들은 1906년 3월 12일, 한강과 대동강의 수력전기 영업을 농상공부(農商工部)에 신청하여 같은 해 6월 18일자로 허가를 받았다. 역시 서울에는 이미 한미전기회사가 있었으므로 영등포와 평양을 공급구역으로 수력전기를 계획하였던 것이다. 그러나 이 계획은 결국 착수도 하지 않은 채 흐지부지 되고 말았다. 처음부터 기술과 경제성에 문제가 있었을 뿐 아니라 일한와사주식회사의 설립이 구체화되어 이들 두 사람도 여기에 직접 참여하게 된 것을 원인으로 짐작하고 있다.

이 밖에도 당시 한국에서는 1908년 7월에 원산수력전기주식회사가 1910년 5월과 7월에는 한국와사전기주식회사(부산)와 진남포전기주식회사 등 일본인 전기사업체가 각각 허가되어 장차 일본인에 의한 전력지배시대가 예고되고 있었다. ✍

콜 부란과 보스윅은 당초부터 자신들이 직접 한국에서 전기사업을 경영하는 데에는 별로 흥미가 없었던 인물들이었다. 그들은 한국에서 철도, 전기, 금광 등 이권을 따내면서 토목업과 매매, 토지임대 등의 부동산업으로 축재를 하는 데 보다 관심이 컸다. 그들은 욕심이 많았고, 특히 콜부란은 경제적인 목적을 달성하기 위해서는 무엇이든지 하려고 하였다.

그들은 처음 한성전기회사의 전차설비 시공과 운영을 청부받아 많은 수입을 올리게 될 것으로 기대하였다. 그리고 전차사업을 운영

한미전기회사의 동대문 발전소 전경 사진

하면서 부당하게 많은 돈을 빼돌렸다. 그러나 계약에 의한 보상을 받지 못하자 한성전기회사를 차지하려고 하였다. 그들은 한성전기회사 재산의 저당기한이 지나자 이를 제3자에게 팔려고 하다가 한국정부와 시민으로부터 거센 저항을 받았다. 이런 불편한 관계가 지속되는 가운데 러·일전쟁이 일어나자 고종은 단지 미국인들이 계속 이 땅에 남아 있어 달라고 요청하는 대가로 75만 엔이라는 거액을 지불하여 한미전기회사를 발족시키고, 한성전기회사의 모든 권리와 재산을 이 회사에 그대로 이관시켰던 것이다.

그러나 상황은 크게 달라졌다. 평소에 그들의 사업을 시기하여 방해하던 일본은 러·일전쟁에서 승리, 한국에서 통감정치(統監政治)를 실시하고 있었다. 그들의 이권을 도와주고 보호하였던 알렌공사는 이미 해임되었고, 주한 미국공관도 철수했다. 이러한 정세의 변동과 더불어 콜부란은 일찌감치 한미전기회사의 매각을 결심하였고, 일본은 또 이를 매수하기 위하여 모든 수단방법을 다 동원하고 있었다.

1909년 4월, 콜부란과 일한와사(日韓瓦斯)의 시부사와 회장 사이에 매매교섭이 구체화 되었다. 이들의 교섭에는 당시 정계의 막후인물이었던 일본인 다케노우치 쓰나(竹內綱)가 중간역할을 하였다. 콜부란은 당초 매각대금을 142만 5,000엔으로 하되 미화 사채 50만 엔은 매수자가 부담한다는 조건을 제시하였다. 이에 대하여 일한와사측은 한미전기회사의 운영 실태를 실사한 후, 한미전기의 재산평가액은 87만 엔에 불과하며 콜부란의 요구금액과 비교할 때 특허권 등의 권리금이 105만 5,000엔에 이르러 너무 비싸다는 결론이었다.

일한와사회사는 그동안의 매매교섭경위를 통감부에 보고 하였다. 일본인들은 한성전기회사가 설립된 후에도 서울시내의 전기 사업권을 얻기 위하여 고종에게 금품제공을 제의하는 등 비밀접촉을 벌여왔다. 그리고 한성전기회사의 채무 분규 시와 한미전기회사의 발족 당시에도 이들 전기사업체의 매수를 획책해 온 처지였다. 특히 그들이 한미전기회사를 인수하기 위하여 그동안 어떤 노력을 기울여 왔는지는 1909년 7월에 열린 일한와사의 임시주주총회에서 발표한 '한미전기회사의 매수 취의서(趣意書)'에 더욱 잘 표현되고 있다. 따라서 통감부는 할 수 있는 모든 희생을 지불하더라도 일본의 국가정책상 한미전기회사를 매수할 것을 강력이 종용하였다.

통감부의 강력한 종용으로 매매교섭은 급속히 추진되었다. 가격 문제도 타결이 되었다. 매각대금은 120만 엔으로 하되 지불방법은 제1차 연도에 70만 엔, 잔금 50만 엔 가운데 10만 엔은 1910년 1월 31일에, 나머지 40만 엔은 1910년 1월 이후 4년 동안 4회에 걸쳐 분할지불하며, 미화 사채 50만 엔은 매수자가 승계한다는 조건이었다. 1909년 6월 23일에 쌍방이 계약문안을 작성하고 24일에 계약서에 조인하였다. 그리고 계약에 의한 한미전기회사의 전 재산에 대한 인계인수는 1909년 8월 9일에 완료되었다.

한미전기회사는 법률상 고종과 콜부란 등이 공동으로 설립한 합작기업이었다. 그런데 콜부란은 이 회사를 매각함에 있어서 고종에게 한 번의 교섭이나 사후보고도 하지 않은 채 매각이 끝나자 런던으로 떠나고 말았다. 뒤 늦게 이 사실을 알게 된 고종은 그 해 8월에 궁내

부의 일본인 고미야 차관을 통하여 콜부란에게 임치(任置)[13]한 5,000주의 주식처리문제를 문의하였다. 결국 이 문제는 일한와사회사가 런던에 있는 콜부란에게 연락, 그로부터 9월 30일자로 상세한 설명서를 받았다. 일본인이 기록한 '경성전기주식회사20년 연혁사'는 이 콜부란의 설명서에 대하여 다만 "태왕전하(太王殿下)와 콜부란과의 관계는 매우 복잡하기 때문에 태왕전하가 오해하신 것이며, 콜부란의 행위가 정당한 것임이 판명되었다"고만 기록하고 있어 정확한 내용은 알 길이 없다. 그러나 결과적으로 볼 때 콜부란은 끝끝내 고종에 대한 신의를 저버리고 자신의 욕심만을 채운 부도덕한 사람임을 잘 드러내고 말았다.

이 고종의 주식처리문제에 대하여는 대한매일신보(大韓每日申報) 1910년 5월 26일자의 기록이 있으나 이 기사는 일본인들의 정치적인 중상모략에서 비롯된 것임은 새삼 지적할 필요도 없다고 하겠다. ✌

---

13 남에게 돈이나 물건(物件)을 맡기어 둠.

일제 강점기의 배전사업

配電

조선 총독부가 설치되었던 1910년 8월 당시 우리나라에 있던 전기사업체는 일한와사전기(日韓瓦斯電氣)와 인천전기 그리고 부산전등 등 3개사였고 발전설비는 총 1,065kW이었다.

이밖에 사업허가를 받아놓고 설립을 추진 중이던 회사는 부산의 한국와사전기(韓國瓦斯電氣), 진남포전기, 원산수력전기 등 3개를 들 수 있다. 당시 전기사업체는 대부분이 도시중심의 소규모 형태로 사업체 상호간 연계없이 독립적으로 운영되었다.

도시별로 분리된 소규모 배전사업이 가능했던 것은 내연기관의 발달에 연유(緣由)되었다. 흡입가스기관 또는 중유기관을 원동기로 하는 발전은 보일러를 사용하는 기력발전과는 달리 그 설비가 간단하며 설비의 점유면적이나 공간이 적어도 되었고 소액의 설비자금과 소

경성전기사옥(1928년)

수인원으로 운영, 관리할 수 있었기 때문이었다.

일제 강점 전반기(1910~1919)에서 중반기(1920~1931)까지 전기사업의 형태는 이와 유사하게 전개되었다.

이 당시 전기산업은 전기사업을 이권화하거나 투기시하는 군소 자본들이 배전사업체를 설립하여 운영함으로 소규모 배전사업체가 난립하였지만 1931년 12월 18일 '전력통제 계획'에 대한 일제 총독부 명령에 따라 배전회사는 4대 권역별 합병통합이 진행되어 서울과 경기도 강원도 일부 등 중부권을 공급구역으로 경성전기, 함경남북도를 공급구역으로 북선합동전기, 경상남북도와 전라남북도, 그리고 충청도와 제주도, 강원도 일부까지 7개도의 공급구역을 가진 남선합동전기, 평안남북도와 황해도와 경기도를 공급구역으로 서선합동전기로 통합되었다.

일한와사와 경성전기

일한와사 마산발전소

일한와사(日韓瓦斯)는 통감부 시대에 일제의 정책적 뒷받침을 받으면서 회사를 설립하고 개업을 준비하던 중 당시 우리나라 유일의 전기사업체인 한미전기회사를 매수함으로서 일한와사전기로 변신하였고 강점 이후에는 그 이름을 다시 경성전기로 개칭하게 되었다.

서울에서의 전기사업은 이미 한미전기가 독점권을 가지고 있었기 때문에 가스사업이라는 명목아래 조선에 진출한 일한와사는 교묘히 한미전기를 인수하고 전등공급업체로 두각을 나타내었다.

1915년 9월 11일 일한와사전기㈜는 사명(社名)을 경성전기로 바꾸고 사업영역을 넓히기 위해 마산지점(1911.4.4), 진해지점(1912.7.1)을 설립하였고 인천전기, 수원전기, 춘천전기를 차례로 흡수합병하여 경남일부와 경기, 강원도 일원을 공급구역으로 편입시켰다. 그러나 마산, 진해지점은 1935년 11월 1일 이를 조선와사전기에 양도함으로써 경남에서 손을 떼게 되었다.

지속적인 수요증가로 1930년 11월 28일 당인리발전소 1호기(스위스 제 10,000㎾)를 준공하였고, 1935년 10월 31일에는 2기(12,500㎾)를 설치하기까지 이른다. 이때 용산발전소는 예비 발전기로 전환되었다.

중일전쟁을 계기로 한국을 병참(兵站)기지화 하려는 일제의 정책전환으로 경인지구 내에서 동력수요를 증가시키자 1937년 평양-서울 154㎸ 송전선을 이용해 장진강 수력발전소의 전력 75,000㎾를 수전할 수 있었다. 이에 따라 당인리발전소는 예비 발전소로 전환되었고 용산발전소는 폐지되었다. ✎

부산·대구의 전기 사업

한국와사 부산발전소

일제는 한국의 남쪽 관문인 부산을 그들의 진출발판으로 삼기 위하여 부산의 일본 거류민들을 부추기기 시작했다.

부산전등은 일본인들이 그들 손으로 한국에 설립한 전기 사업체였고 한국으로서는 한미전기에 이은 두 번째 전기회사이었다. 부산 거주 일본인 오이케 다다스케와 하자마 후시타로 등이 중심이 되어 1900년 11월 전기회사 설립을 발기하여 일본 영사관에 신청하였고 동년 11월 18일 허가를 얻게 되자 1901년 9월 12일 부산전등을 설립하고 1902년 4월 1일부터 영업을 개시하였다.

처음에는 90kW 기력저압직류발전기로 영업을 시작하였고 후에 180kW로 증설하였다. 1910년 11월 수용호수는 873호에 전등수 4,076 등이었다.

1910년 봄 하자마 후시타로, 오이케 다다스케와 토목사업을 하던 사토 준조 등 부산의 일본인들이 당시 통감부 부산이사청(理事廳) 이사관 이었던 가메야마 리헤이타(龜山理平太)의 주선으로 일본 국회의원을 지낸 무타구치 겐카쿠(牟田口元學) 등과 연결되어 1910년 4월 23일 한국와사전기 설립을 이사청에 신청하였고 이사청은 5월 18일 이를 즉각 허가해 주었다.

허가받은 다음날 이들은 부산전등과 부산궤도로부터 양사의 사업을 양도받기로 계약하고 1910년 10월 18일 창립총회를 하였다. 이들이 신청한 사업은 전기철도, 전등전력, 가스등 3가지 내용이었다.

한국와사전기는 일한와사전기를 모방하여 본사를 동경에 두었고 사업 본거지인 부산에 지사를 설치하였다.

동경대 영문과 출신 고쿠라는 한국에서 경부철도에 취직한 후 땅투기로 거부되자 1909년 당시 유망사업으로 회자(膾炙)되던 전기사업에 뜻을 품고 대구전기를 출원하였다.

대구에서는 초기 4건의 전기사업허가 신청이 치열하게 경합하였지만 이사청에서 출원자들을 내사한 후 대구 토착세력인 고쿠라가 적당하다고 결론을 내리고 1911년 1월 21일 조선총독 명의로 승인하였다.

이에 고쿠라는 전기사업 환경 변화에 따라 자본금을 늘리고 발

대흥전기 청도발전소

전설비용량도 2배인 1,500kW로 변경하고 1911년 5월 9일 대구전기의 최종허가를 받는다.

처음 웨스팅하우스제 가스발전기를 도입하려 하였으나 제조업체의 파업으로 도입이 지연되자 광산용 증기엔진으로 대체되어 1913년 1월 1일부터 전기가 공급되었다. ✐

원산수력전기와 민족기업 개성전기

원산수력전기는 1912년 말 전원을 수력에서 얻어 배전사업을 시작하게 된 첫 번째 회사라는 점에서 특색이 있었다.

우리나라에서 하천수력을 이용하여 수력발전이 처음으로 이루어진 것은 원산수력전기보다 7년여 앞선 1905년 미국인이 경영하던 동양금광회사가 평북 운산광산에 자가용으로 쓰기위해 청천강 지류인 구룡강 수력을 이용 660마력의 프랑스제 수차설비로 500㎾를 발전하였는데 이것이 최초의 수력발전이었다.

개성 남대문

수력개발로 저렴한 전력을 얻겠다는 발기인들의 구상은 좋았으나 처음으로 시도되는 발전수력 개발에 대하여 회의를 품고 투자에 적극적으로 응하지 않아 원산수력전기는 당초 허가를 받았던 1907년 7월로부터 4년 9개월만인 1912년 3월 20일에 겨우 설립할 수 있었다.

개성에서 민족유지들 간에 주체적인 전기사업의 필요성을 논의하기 시작한 것은 1914년경부터였다.

개성지역 유지였던 김정호[01]가 일본시찰을 하고 돌아와 1915년 개성전기창립사무소를 설립하고 1916년 1월 30일 전기사업신청서를 총독부에 접수 시켰다. 그런데 허가는 만 1년 만인 1917년 1월 19일 받을 수 있었다. 자본금 5만 엔의 개성전기는 한국인 94명에 903주, 일본인 6명에 97주로 구성되었다.

당시 1차 세계대전으로 발전기 구입이 어려워지자 산요전기로부터 양도된 80마력의 원동기와 70kW 흡입가스발전기를 1918년 3월 28일 설치하고 그해 4월 1일부터 전력공급을 시작하였다.

1920년 6월 150kW 발전기를 증설하였고 1926년에는 250kW급 기력발전기를 독일로부터 도입하여 신막(新幕)발전소를 신설하였다. 1931년에는 다시 1,000kW급 발전기를 증설하여 총 발전설비는 1,470kW로

---

01 일찍이 한문을 배우고, 일본으로가 메이지대학(明治大學) 법학과를 졸업하였다. 1912년 삼업(蔘業)으로 돈을 번 손봉상(孫鳳祥) 등과 함께 합자회사 영신사(永信社)를 설립하여 대표취체역을 맡고, 1917년에는 공성학(孔星學) 등 개성(開城)의 거상들과 개성전기회사(開城電氣會社)를 세우고 초대 사장에 뽑혔다.

늘려 나갔다.

개성전기는 생활필수품인 전기를 저렴하게 많은 동포들이 이용할 수 있도록 하였다. 공급구역을 개성 외에 경기도 황해도, 강원도 등 산간벽지까지 배전선을 연장하여 1936년 말 대흥전기 898.1㎞ 보다 많은 968.4㎞의 배전선을 보유하고 있었다. 요금측면에서도 전국에서 가장 저렴하였던 경성전기와 같은 요율로 유지하였다.

전기사업이 지녀야 할 공익관념과 동포애에 입각한 시설확장과 수요창출에 힘썼던 김정호는 사명감과 야무진 경영자세로 한국전기사업계의 귀감이 되었다. ✎

배전사업의 통합과 운영

1931년 12월 18일 전력통제 계획에 대한 일제 총독부 성명에 따라 배전회사는 4대 권역별 합병통합이 진행되어 갔다. 이후로 합병통합에 의한 신설형태 이외에는 배전회사의 신규허가나 설립은 일체 없었다.

서선합동전기주식회사

평안남북도, 황해도와 경기도를 공급구역으로 1933년 12월 6일 진남포전기, 조선 송전, 사리원전기, 서선전기 등 5개 사가 통합, 서선합동전기사가 되었다. 이후 개성전기와 강계전기, 신의주전기, 장연전기를 통합하고 1938년 1월 평양부영전기를 인수하여 종결되었다.

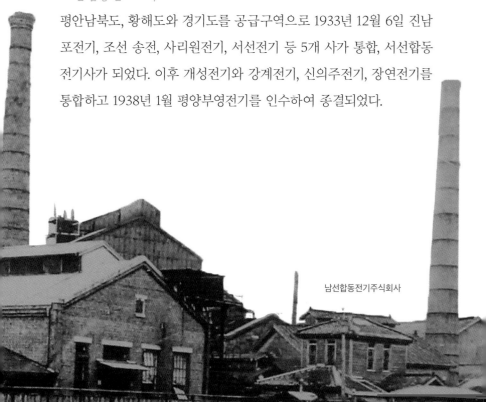

남선합동전기주식회사

남선합동전기주식회사

경상남북도와 전라남북도, 그리고 충청도와 제주도, 강원도 일부까지 7개도의 공급구역을 가진 남선합동전기는 1937년 4월 10일 대흥전기, 조선와사전기, 대전전기, 남조선전기, 목포전기, 천안전등 등 6개사를 합쳐 통합회사로 발족되었다. 이후 1938년 9월 성남전기, 1939년 8월에는 강릉전기를 통합하여 남한일대 통합을 완료하였고 결과적으로 53개 배전회사를 통합한 회사가 되었다.

북선합동전기주식회사

함경남북도를 공급구역으로 함경남도에서는 1935년 11월 1일 함남합동전기가 중심이 되어 원산수력전기, 북청전등, 북선전력, 함남전기 등 4개사를 합병하고 1936년 10월 대흥전기 함흥지점, 1937년 10월 혜산진전기를 통합하였다. 한편 함경북도에서는 1차로 성진전기와 무산전기를 흡수 합병하고 조선전기와 회령전기, 웅기전기 등 3개사가 통합하여 1938년 4월 14일 북선합동전기를 설립하고 최종적으로 함동전기와 흡수 합병하여 통합을 마무리 지었다.

경성전기주식회사

서울과 경기도 강원도 일부 등 중부권을 공급구역으로 일찍이 인천전기를 합병하고 1938년 9월에는 수원전기 1939년 3월에는 춘천전기를 흡수 합병하였다. 1942년 1월 1일 금강산전철을 합병함으로 배전회사 대통합은 마무리가 되었다. ✎

일제 강점기의 발송전 사업

한반도에서 전기사업용으로 개발된 대용량 발전소 건설은 일제 강점기 후기(1932~1942)로부터 말기(1943~1945)까지 이루어졌다. 전력통제정책이 가시화된 1936년부터 1945년까지 10년간 준공된 발전소의 총 설비용량은 1,520,520㎾이었고 이 중에서도 절반이상이 1941년부터 1945년까지 말기에 집중되었다.

그 중 영월화력을 제외한 모두가 수력으로 수·화력 건설비중이 93 대 7이라는 수력 절대 우위시대이었고 수력자원은 그 80%가 북한지역에 편중되어 있었다.

흥인문 밖의 화력발전소

수력 발전

최초의 수력발전소가 세워진 운산

조선총독부는 1911년부터 1914년까지 3년간 한반도내 발전수력조사를 하였다.

1차 수력조사 결과 80개 지점 5만 7천kW(이론 발전력)로 한반도에는 수력자원이 없다는 빗나가도 대단히 빗나간 결론을 내놓았다. 이는 개발방식을 당시 일본의 유일한 개발방식인 수로식 발전 형식으로만 적용하였고 사용 수량을 갈수량(渴水量)[01]으로 산출하여 한반도의 지형과 지세, 기상조건을 고려하지 않은 부실하고 잘못된 수력조사였다.

---

01 Minimum stream flow, 1년 중 더 내려가는 일이 없는 유량.

제2차 수력조사는 1922년부터 1929년까지 만 8년간에 걸쳐 시행되었다. 이 조사를 통해 150개 지점 2백20만 2천㎾(이론 발전력)로 1차 조사와 비교 약 50배의 막대한 수력발전 자원을 발견하게 되었다.

이는 수로식 발전소의 유량기준을 갈수량의 2~3배인 평수량(平水量)[02]으로 상향 조정하였고, 모리타 가즈오카의 유역변경과 댐의 축조에 대한 부전강개발계획안의 영향을 받아 댐식, 유역변경식 등을 도입한 조사결과였다. 이에 따라 한반도의 수자원개발 가능성이 크게 부각되어 총독부도 관심을 갖고 수력자원개발을 적극 지원했고, 1920년대 말부터 1930년 초까지 수력발전사업을 출원하려는 일본자본가들이 앞 다투어 속출하였다.

제3차 수력조사는 1936년부터 1939년까지 시행되었다. 거대 댐 축조기술의 영향을 받아 2차 조사보다 3배 이상의 가능 출력을 파악하게 되었다. ✎

---

02 Six months flow 1년을 통해서 185일간 이상 저하되는 일이 없는 유량을 평수량이라 한다.

수력발전소 건설

장진강 수력발전소

일 제 강점기 중기(1920~1931) 전기산업의 특징 중 하나는 민간기업으로 시작된 대규모 발전 수력자원의 개발이었다.

동경대 전기공학과 출신 모리타 카즈오카(森田一雄)는 한반도의 산악지대는 동해 쪽이 급경사로 되어 있어 하천은 대부분 북서쪽으로 흘러 서해로 들어가고 있는데 그 상류 일정지점에 제방을 축조하여 저수지를 조성한 후 수로를 통하여 그 물을 동해로 보낸다면 급경사로 인해 생긴 큰 낙차로 저렴하고 풍부한 전력을 얻을 수 있다고 생각하고 부전강과 장진강을 그 대상으로 수력발전소를 계획하였다.

동경대학 후배인 토목기술자 쿠보다(久保田)와 현장조사를 마친 모리타는 16만㎾ 수력개발안을 작성한 후 일본으로 돌아가 일본질소 사장 노구치(野口)에게 사업을 제안했다. 모리타와 동경대학 전기공학과 동기인 노구치는 800㎾급 수력발전으로 카바이드 제조공장을 운영하면서 일본질소비료를 설립하여 석회질소를 제조하면서부터 인조 견직(絹織), 합성유안(硫安)등 전기화학공업 등으로 사업을 확장하는 중이었다.

이와 같이 전기화학공업에 손을 댄 노구치는 풍부하고 저렴한 전기가 사업에 필수 불가결한 상황에서 수력으로 16만㎾의 전력이 얻어지는 제안을 받고 즉시 한국 진출을 결심하게 되었다.

1925년 6월 노구치는 모리타와 부전강수력개발사업의 개발권을 취득하였다.

1926년 1월 27일 조선수력전기를 설립하고 1927년 5월 2일에 조선질소비료를 설립하여 부전강에서 발전되는 전력으로 가동하게 될 연산(年産) 45만 톤 규모의 대단위 유안공장 건설을 병행시켰다.

부전강 수력발전소 건설은 1929년 11월에 발전기 4대중 2대분 4만 8천㎾를 시험 운전할 수 있었고 1932년 12월 전체 공사 완료시 발전출력은 4개 발전소 도합 20만 700㎾가 되었다.

한편 장진강에 대한 수리권(水利權)은 총독부가 일본 미쓰비시 재벌에 허가해 주었으나 미쓰비시가 장진강 개발에 소극적이자 총독부

허천강 수력발전소

는 수리권 반환을 요구하였다. 미쓰비시의 수리권이 반환되자 조선수
력전기의 노구치는 1933년 1월 10일 장진강 수력사업에 대한 허가신
청서를 총독부에 신청하여 4월 21일 허가를 받았고 단독출자 하여 장
진강 수력전기 주식회사를 설립하였다.

총독부는 허가 조건으로 발전출력의 약 50%인 15만kW를 공공용
으로 공급하도록 제한하여 노구치의 자가전용(自家專用)을 제한하였다.

회사설립과 동시에 공사를 착공하여 1935년 11월에 제1발전소,
1936년 11월에 제2발전소, 1937년에 제3발전소, 1938년 6월에는 제4
발전소를 완공하였다. 총 출력은 33만 4천kW이었다.

한반도에서 3번째로 개발되었던 대규모 발전수력지점인 허천강

수계도 역시 노구치의 작품이었다. 부전강 수계의 개발 성공과 당시 동양에서 규모가 제일 컸던 조선질소비료 흥남공장 가동으로 일본 화학공업계에 확고한 위치를 굳혀가던 노구치는 장진강 수계의 개발이 완성될 무렵에 조선질소비료 영안공장, 아오지공장, 조선화약, 조선인조석유 등 노구치 재벌을 형성하기에 이르렀다. 이에 노구치에게는 전력이 무한정 필요했다.

노구치는 1937년 8월 허천강 수계 발전소 건설에 착수하였고 1940년 5월 제1발전소(14만 5천kW), 제2발전소(6만 9천800kW)가 준공 되었다. 1943년에는 제3발전소(5만 8천kW), 제4발전소(6만 6천kW)가 준공 되었다. 따라서 전체 총 발전용량은 33만 8,000kW이었고 총독부 허가 시 발생전력의 2/3는 공공용으로 공급할 수 있도록 조건을 붙인 까닭에 노구치는 1/3만을 전용할 수 있었다.

백두산을 수원으로 하여 한중국경 사이를 서쪽으로 800㎞를 굽이쳐 서해로 흘러들어가는 압록강은 수력 이용 측면에서 매우 적절한 하천이었다. 압록강은 그 유량에 비하여 강폭이 그리 넓지 않고 하구로부터 불과 80㎞ 떨어진 청성진 동쪽 상류에는 하이댐(High Dam) 축조에 적합한 지점이 많다는 점과 풍부한 수량 그리고 중류부(中流部)에서만도 500m의 낙차가 얻어지는 지형으로 200만kW의 발전력을 얻기에 충분한 하천이었다. 다만 한 가지 단점은 한중간(당시는 만주국) 국제 하천이기에 사업허가 획득이 쉽지 않을 것이라는 점이었다.

노구치의 구상에 의하여 한국과 만주 양측이 권리와 책임을 양분한다는 원칙하에 자금도 절반씩 출자하여 건설하고 발생전력도

수풍발전소

절반씩 배분하는 것으로 하고 한국에는 조선압록강수력발전주식회
사, 만주에는 만주압록강수력발전주식회사를 설립하여 사업을 추진
하였다.

평안북도 삭주군 수풍면 수풍(水豊)동 지점에서 압록강 본류를 가
로질러 암반 위 106.4m 높이의 중력식 콘크리트로 축조된 수풍댐
은 댐 길이가 88.5m 용적 3백23만㎥의 세기적 댐이었다. 발전력은
100m의 낙차로 이 물이 7개 철 관로를 통하여 당시로는 세계 최대로
알려진 단위용량 10만㎾ 발전기 7대를 가동시켜 최대출력 70만㎾ 발
전력을 생산하도록 건설되었다.

1944년 2월 6일까지 10만㎾ 발전기 6대가 운전되었고 제5호기

운암 수력댐

 1대는 독일 지멘스(Simens)로부터 해방 전까지 발전기가 도착하지 않아 설치하지 못했다.

  한강수계의 개발은 총독부 고급관료 출신들에 의해 계획되어 1938년 10월 사업허가를 받아 1939년 2월 1일 한강수전(주)을 설립함으로서 구체화되기 시작했다.

  총독부 수력조사 결과는 북한강 수계에는 화천, 감화, 춘천, 청평 등 4개 수력지점에 예상발전출력은 19만 7천920kW로 추정되었다. 이에 따라 제1기 계획으로 화천과 청평 2개 지점에 1939년 1월 댐을 축조하기 시작하여 5년 후인 1944년 8월 청평발전소(3만 9천600kW), 10월에는 화천발전소(8만 1천kW)를 준공하였다.

그러나 해방 당시까지 화천발전소 발전기 3대중 2대만 설치되어 화천발전소 출력은 5만 4천㎾에 그쳤다.

전남 지역에서는 섬진강의 물줄기가 전기를 생산해냈다. 1931년 10월 완성된 운암댐은 남해안으로 유입하는 섬진강 추령천 상류를 막아 높이 26.1m 댐으로 길이가 24㎞가 되는 기다랗고 좁은 저수지를 조성하고 이 물을 터널로 서해안에 유입되는 동진강으로 끌어들이는 유역변경식 댐으로 당시로서는 유일한 다목적 댐이었다. 그러나 남조선수전의 운암발전소(출력5,120㎾)는 운암댐 건설자인 동진수리조합과 계약상 관개용수 우선원칙에 밀려 갈수 때는 물론 평소에도 용수에 제한을 받는 까닭에 발전력을 기대할 수 없었다.

칠보발전소는 전라북도지사 손영목[03]이 운암댐 하류에 62.5m 댐을 축조함으로 저수량을 늘려 풍부한 관개용수도 얻고 발전력도 확보하자는 제안을 총독부가 받아들여 당시 남한지역 발송전담당인 조선전력으로 추진하게 되었다.

이에 조선전력은 동양척식(주)과 공동출자로 남선수력전기(주)를 설립하고 1940년 9월 착공하였으나, 1943년 조선전업주식회사에 통합되어 계속 공사 중, 전시 물자난으로 공사가 지연되었다. 이후 전체 공사의 약 60%, 댐 공사의 23%를 완성하고 불완전하나마 1945년 4월 제1호기의 첫 발전을 시작하였으나 광복과 함께 완전히 중단되었다. ✎

---

03   1888~1950년 일제 강점기 관료 1937년~1940년까지 전라북도 도지사를 지냄.

화력발전

영월화력발전소

1934년 여름 일본 5대 전력회사를 주축으로 구성된 일본 전력연맹 나이토 동꼬쬬(內藤態嘉) 등 간부일행은 발전용 석탄의 확보와 일본 전기사업자의 해외진출을 목적으로 만주와 한국을 방문하였는데 이때 통감과의 만남에서 영월화력 개발이 구체적으로 싹트게 되었다.

전력연맹 측의 의도는 삼척, 영월탄광을 불하받아 영월에서 생산될 무연탄으로 10만kW급 기력발전소를 건설하여 약 200㎞의 154kV 송전선로로 남한일대에 전력을 공급하는 한편 삼척 탄광에서 생산될

30만 톤의 무연탄과 연산 2만 톤 규모의 공장건설로 생산하게 될 카바이드와 석회질소들을 일본으로 반출할 목적으로 별도의 계획으로 삼척개발을 설립하고 철도 부설과 항만 구축을 담당케 하는 것이었다.

이를 위해 1935년 4월 12일 전기사업 허가서를 총독부에 조선전기흥업 이라는 이름으로 제출하였고 5월 17일 허가를 받아 7월 1일 창립총회를 가지고 8월 1일 회사명을 조선전력으로 변경했다.

1937년 10월에 설치 완료한 영월화력 1호기에 뒤이어 1938년 1월에 설치 완료된 2호기가 시운전중 진동이 일어나 정상운전이 어렵게 되었다. 또한 탄질저하와 탄량(炭量)부족으로 출력저하로 남선합동전기는 1944년 한강수계 발전소 완공되기 전까지 전력부족난을 겪었다. ✐

송변전설비의 건설

조선전업 사옥

1931년 총독부는 전력통제방침을 발표하여 발·송·배전사업을 각각 분리하고 발·배전사업은 민영에 맡기되 송전선로는 원칙적으로 국영으로 한다는 방침을 세웠다.

제1차 송배전망 계획에는 송전간선으로 장진강~평양~신의주를 잇는 간선과 장진강~원산~서울을 잇는 간선이 들어 있었다. 그러나 조선총독부는 예산상의 이유로 당초 방침을 버리고 발전회사와 배전회사가 공동출자로 송전회사를 설립토록 하였다.

이렇게 해서 1934년 5월 조선송전주식회사가 탄생했다. 제1차 송

전망 계획도 변경되어 1935년 11월 25일 장진강~평양간 154kV 송전
선로를 완성하고 1937년 1월에는 평양~서울간 154kV 송전선로를 완
성하였다. 장진강~서울까지 154kV 송전선로는 총 긍장 400km로 당시
로서는 최장 송전선이었다. 이 송전선으로 수송되는 15만 kW의 전력
은 평양과 운산변전소에서 도합 7만 5천kW를 공급하고 나머지는 경
성전기에 공급했다.

1941년 6월에는 허천강에서 함흥과 청진을 잇는 220kV 송전선로
도 건설하였는데 당시로서는 일본을 포함 동양에서는 유일한 최고전
압 송전선이었다.

이후 중일전쟁이 발발하자 총독부는 1937년 산금(産金) 5개년 계
획[04]을 수립하고 1937년 24톤 규모의 금생산량을 1942년 75톤으로
3배 증산하려 국유 산금(産金)송전선을 건설해 나갔다.

그러나 1941년 태평양전쟁이 시작되자 한국 내 풍부한 지하자원
발굴 동력선으로 건설하기 위하여 국유 산금 송전선을 국유 광산 송
전선으로 이름을 바꾸어 계속 건설해 나갔다. 이렇게 건설된 송변전
시설은 1942년 3월말 60kV급 송전선로수 45개에 총긍장 2,077.6km
이었고 변전소수는 46개에 총 99,651kVA이었다. 또 20kV급 송전선로
수 74개에 총 긍장 1,203.9km이었고 변전소수는 110개에 총 58,983
kVA이었다.

당시 4대 배전회사의 60kV 송전선로 긍장은 1,836.4km이었고

---

04 1937년 중일전쟁 발발에 따라 군수자원 조달을 위해 금광 개발을 장려하려는 계획.

20kV급 긍장은 3,557.2km이었다.

산금 송전선 중에서 20kV급 송전설비는 전력을 광산에도 공급하지만 일반용 전력공급으로 겸용하게 되는 경우도 간혹 생겨나게 되므로 총독부는 항구적으로 존속할 가능성이 많은 20kV급 송전선로는 국유로 하기보다 50~70% 정도의 보조금을 지급하여 배전회사 소유설비로 건설하는 편이 적절하다고 결론짓고 1940년~1941년 사이에 보조금을 지급하여 배전회사들이 기존 송전선로로부터 분기하여 20kV급 선로 574km를 건설하였다.

서울과 대전을 연결하는 154kV 남북 송전선은 당시 전력부족의 어려움 속에 놓여 있던 남한지역과 광산개발을 위하여 긴요하기도 하였으나 당초에는 계획에 없었던 것을 산금선 계획 속의 불필요하게 된 예산을 전용하여 건설되었다.

총독부 당초계획에는 신규로 개발할 금광수를 400개로 잡고 이를 지원할 20kV급 송변전설비를 새로이 시설하며 이로 말미암아 생기게 될 용량부족분 60kV설비도 보강해 나갈 예정이었다. 그러나 금 산출량이 기대에 못미치게 되자 증산이 확실시되는 유명 금광에 집중 지원하는 쪽으로 방향을 바꾸었던 것이다. 이리하여 염출된 700만 엔의 자금으로 서울-대전 간 남북 연락 송전간선을 1941년 7월 완성하였다.

1941년 태평양전쟁 이후 일본은 전쟁물자 증산에 박차를 가하기 위해 그 동력원인 전력을 보다 많이 생산하여 집중적으로 배분 운영하기 위하여 1943년 4월 20일 조선전력관리령 제5호가 공포 실행되었다.

전력관리령의 제정 공포에 따라 총독부는 전력국가 관리를 실현 시키는 순서로 먼저 영업 중이던 기존 회사를 통합하고 국유인 남북 연락 송전간선을 현물 출자하여 모회사로 설립한 후 모회사로 하여금 발송전회사 설비를 매수하거나 흡수합병 시켜 전국의 발송전설비를 일원화하도록 계획하였다.

1943년 4월 총독부는 모회사가 될 통합대상을 조선수력전기(주), 조선송전(주), 부령수력전기(주)를 지정하여 3사가 각각 주주총회에서 "조선전업주식회사로 된다"고 먼저 의결하게 하고 총독부에 인가를 신청케 하였다.

이리하여 조선전업은 1943년 7월 31일에 서울에서 창립총회를 열고 사장에 노구치를 임명하여 정식으로 발족했다.

1943년 8월 4일 총독부는 2차 통합대상으로 지정한 6개 회사 중 조선전력(주), 강계수전(주), 한강수전(주), 남선수전(주) 등 4개 회사에 대하여 이를 매수 합병대상으로 각 회사 사업 전부를 조선전업에 양도할 것을 명령하였으며 북선수전(주)에 대해서는 조선전업에 합병할 것을, 경성전기(주)에 대해서는 수색~부평간 송전선로를 양도하도록 명령하였다. 이에 따라 1943년 9월 20일 명령대로 사업을 조선전업에 인도하여 발송전통합은 마무리되었다. ✄

7

CHAPTER

대한민국 전력사업의 발전

HISTORY OF ELECTRICITY

電力

경 원자력발전소 1호기 준공및 5·6호기 기공식 축

일본은 우리나라를 대륙침략을 위한 병참기지화 목적으로 전쟁 수행에 필요한 화학공업 등 중공업 시설을 서둘러 한반도 북부와 서부지역에 집중적으로 공업단지를 설치하고 대규모 수력발전소를 건설하였다. 그 결과 1945년 해방 당시 전국의 발전 설비용량은 수력 1,586,153㎾, 화력 136,500㎾로 합계 1,722,653㎾였다. 뿐만 아니라 해방 당시 북한에는 수풍발전소 7호기 등 공사 중이던 설비가 147만㎾에 이르고 있었다.

동아일보에 실린 송전단전기사

그러나 해방과 함께 한반도는 포츠담선언[01]으로 미국과 소련의 신탁통치가 결정되어 38선으로 남한, 북한이 분단되면서 냉전시대의 격전지가 되었다. 이때 남한의 발전설비는 수력 6만 2천240㎾, 화력 13만 6천500㎾, 합계 19만 8천740㎾로 전국 설비의 11.5%에 불과했다. 그리고 연간 평균 발전력은 북한이 94만 2천284㎾로 전국 발전량의 96%를 점하였고 남한은 4만 2천512㎾로 4%에 불과했다.

따라서 한반도의 분단과 함께 남한은 전력이 부족하게 되었고, 북한으로부터 총 수요전력의 60~66%를 수전해 올 수밖에 없었다. 그러나 1948년 5월 14일 북한 측의 일방적인 단전으로 남한 전역은 극심한 전력난을 겪게 되었다. 남한에서는 전력난을 해결하기 위하여 노후 화력발전소를 긴급 보수하여 대처하는 한편, 1948년에는 긴급 전력대책으로 2월에 발전함 자코나(Jacona) 호(2만㎾)를 부산에, 그리고 5월에는 일렉트라(Electra) 호(6천900㎾)를 인천에 도입하고 전국적으로는 강력한 절전운동을 전개하여 국민들의 고충이 컸던 시절이었다.

---

01 제2차 세계대전 종전직전인 1945년 7월 16일 독일의 포츠담에서 미·영·중 3개국 수뇌회담의 결과로 만들어진 공동선언.

해방 후 전력산업 개편

6.25전쟁으로 파괴된 전력설비 사진

8·15 해방 당시에는 1개의 발송변전회사(조선전업)와 2개의 배전회사(경성전기, 남선전기)가 분리 운영하게 되자 일찍부터 각계에서는 전기사업체의 개편 또는 통합론이 강력히 대두되었으나 그 때마다 실현을 보지 못하고 논란만 거듭했다.

더욱이 6·25전쟁으로 전력시설의 대부분이 극심한 피해를 입게 되어 전력난이 더욱 가중되었을 뿐 아니라, 전력회사가 모두 자기자본만 잠식되는 운영의 악순환이 되풀이되자 이 통합론은 더욱 힘을 얻게 되었다. 당시 전력사업의 분리 운영에 따른 문제점으로는 첫째

부족한 시설과 가동률의 저하(1952년 23.3%), 둘째 과다한 전력 손실(1953년 37.1%), 셋째 노동생산성의 저하(1958년 종업원 1인당 발전량 15만kWh, 미국의 15% 해당), 넷째 자금사정의 악화와 만성적인 적자운영 등이 지적되었다.

따라서 통합론은 난항을 겪으면서도 꾸준히 추진되어 1951년 5월 23일 국무회의에서 전업(電業) 3사의 통합을 의결하고 '전기사업임시조사위원회', '전기사업체통합위원회'를 상공부에 설치하였으나 국회 상공위원회를 비롯한 각계의 비판 속에 또다시 흐지부지되고 말았다.

1959년 8월 통합론이 다시 재연되었으나 매각방침에 대해 갑론을박만 벌이다가 1961년 5·16 군사혁명 이후 정부의 강력한 전력정책에 따라 1961년 6월 8일 상공부장관령에 의거 '전업 3사 통합설립준비위원회'가 구성되어 통합업무는 급진전되었다.

1961년 6월 9일 제1차 전업3사 통합설립준비위원회가 개최된 다음 21일까지 10회에 걸친 회의에서 통합에 대한 정책사항 및 사무 처리사항을 심의·검토하였고, 6월 23일 마침내 한국전력주식회사법이 공포되었다. 같은 날 한국전력주식회사 설립위원이 상공부장관령에 의하여 임명됨과 동시에 이날 개최된 설립위원회에서는 조선전업주식회사, 경성전기주식회사, 남선전기주식회사의 3사 합병계약이 3사 사장 사이에 체결되어 7월 1일에는 역사적인 3사 통합이 실현되고 한국전력주식회사가 창립되었다. ✒

한국전력주식회사 현판을 걸고 있다.

전원개발의 변천

전원개발 변천과정을 보면 1960년대 초에는 국내 부존자원인 수력과 무연탄을 이용한 발전소 건설에 치중하였으나 국내 부존자원의 개발한계에 부딪쳐 1960년대 후반부터는 석유화력 위주의 발전소 건설을 추진하게 되었다. 그러나 1973년 1차 석유파동을 경험한 이후로 석유 의존도를 줄이고 발전용 에너지원을 다변화시키는 방향으로 전원개발정책을 전환하여 1978년에 고리원자력발전소 건설을 필두로 원자력과 유연탄 화력을 주력 전원으로 개발하였다. 1980년대에 들어와서도 에너지 다원화 전원개발정책은 지속했으며 아울러

수풍댐 발전소

수풍댐 발전소 건설과정

발전소 건설 기술자립을 촉진하고 발전설비의 표준화를 추진하는 등 전원개발의 내실화를 위해서도 노력하였다. 이러한 전원개발 정책 추진 결과, 2015년 6월 기준 사업자용 발전설비는 9만 5천681MW로, 설비 구성은 기력 35.4%, 복합 30.4%, 원자력 21.6%, 수력 6.8%, 대체에너지 5.5%, 내연력(디젤 발전) 0.3% 순으로 집계되고 있다.

전력수요 성장추이를 보면, 2014년의 판매전력량은 1961년과 비교하여 402배, 최대전력은 262배의 성장을 보였다. 이러한 높은 성장은 1962년 이후 추진되어 온 6차에 걸친 경제개발 5개년 계획을 성공적으로 수행한 결과에 따른 지속적인 경제성장이 밑받침이 되었다고 할 수 있다. ✎

원자력발전 시대의 개막

원자력발전소 1호기 준공 및 5, 6호기 기공식

1970년 6월에 착공한 우리나라 최초의 원자력발전 시설인 가압 경수로형(PWR)[02] 고리원자력 1호기(58만 7천kW)가 1978년 4월에 준공됨으로써 우리나라는 세계에서 21번째의 원전 도입국이 됨과 동시에 본격적인 원자력발전시대가 전개되었다.

정부와 한전은 그동안 두 차례에 걸친 에너지 파동을 겪으면서

---

02 섭씨 100도 이상의 온도를 받아도 끓지 않도록 압력을 가하고 경수를 냉각재 및 감속재로 사용하는 원자로.

제4차 5개년 계획 사업기간 이래 전원개발계획의 기본방향을 전원의 탈석유전환에 두고 이를 강력히 추진함과 동시에 특히 1991년까지 10개년 간의 건설 기본원칙을 '국내 부존자원 개발의 극대화', '수입 에너지원의 다변화'에 두고 원자력의 확대개발에 더욱 주력하여 왔다.

그 결과 첫 가압 중수로 원전(PHWR)[03]인 월성 1호기가 1982년 말 건설되어 67만 8천700kW 용량이 추가됨으로써 우리나라는 설비용량이 1천만kW를 돌파하게 되었다. 1983년 6월에는 고리 2호기(65만kW)가 계통병입되었으며, 이어서 95만kW 용량의 3호기와 4호기가 각각 1985년 9월과 1986년 4월에 준공되어 상업운전에 들어갔다.

고리 3, 4호기와 동일한 가압경수로형이며 용량도 95만kW인 한빛 1, 2호기도 전남 영광에 건설되었으며, 1986년 8월에 1호기를, 1987년 6월에는 2호기를 각각 준공했다. 한울원전(구. 울진원전)의 한울 1, 2호기는 1988년 4월 7일에 1호기가 계통병입에 들어가 같은 해 9월 상업운전에 들어갔으며 2호기는 1989년 9월에 상업운전을 개시하였다. 특히 1997년 7월에는 월성 2호기(중수로, 70만kW)의 준공과 함께 원자력발전 설비용량이 1천만kW를 돌파함으로써 한국 원자력발전 20년 역사에 신기원을 이룩했다.

또한 1998년 8월에는 100만kW급 '한국표준형 원전'인 한울 3호기가 상업운전을 시작함에 따라 원전 국산화 시대의 막을 열게 되었다.

03　PHWR(Pressurized Heavy Water Reactor) 냉각재와 감속재로 중수를 사용하며 운전중 연료 교체가 가능한 장점을 가지고 있다.

2014년 말 기준, 우리나라는 총 23기의 원자력발전소를 가동하고 있으며, 이를 원자로 형식에 따라 분류하면 가압경수로형(PWR) 19기와 가압중수로형(PHWR) 4기이다. 그리고 100만kW급 개선형 한국 표준형원전(OPR 1000)[04] 1기(신월성 2)와 140만kW급 신형 경수로원전(APR1400)[05] 4기(신고리 3·4, 신한울 1·2)가 건설 중이다. 원자력 총 발전설비는 2만 716MW로써 전체 발전설비의 22.2%를 차지하고 있으며 전체 발전량의 30%를 점유하고 있다. 우리나라에서 원자력발전소는 화력발전소와 더불어 안정적인 전원공급원으로서 큰 비중을 차지하고 있고 앞으로도 계속 주 전력원으로서 자리를 지켜 나갈 것으로 예상된다.

원자력은 준국산(準國産)에너지로서 경제성과 공급안정성이 우수하며 무역수지 개선과 이산화탄소 감축효과가 크므로, 안정성을 개선시키고 적정한 폐기물 관리대책을 수립하여 기저부하 전원으로 지속적으로 개발해 나갈 계획이다. 제7차 전력수급기본계획(2015년)에 의하면, 2015년부터 2029년까지 원자력 13기 1만 8천200MW를 건설할 계획이다. 또한 고리 1호기가 설비 노후로 인해 영구정지가 결정되고 폐지계획 설비로 지정되어 역사의 뒤안길로 사라졌다. ✎

---

04 Optimized Power Reactor : 한국 표준형 원전으로 1000MW급 가압경수로형 원자.로
05 Advanced Power Reactor : 한국이 독자개발한 차세대 원전 모델로 1400MW급, UAE원전 수출 모델.

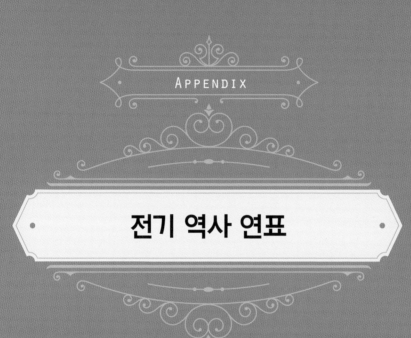

APPENDIX

전기 역사 연표

HISTORY OF ELECTRICITY

전기 역사 연표

B.C.238 **파르티아** 제국시대 바그다드 전지 사용(1936년 발견)

B.C.600 **탈레스**(고대 그리스 밀레토스)가 호박마찰전기 기록

1600 **길버트**(영국) 『자석에 관해서』발간

1663 **게리케**(독일) '마찰 기전기'를 발명

1729 **스티븐 그레이**(영국) '도체'와 '절연체'를 발견

1733 **뒤페**(프랑스) 전기의 극성을 발견하고 수지성, 유리성 전기로 부름

1746 **뮈센부르크**(네덜란드) '라이덴병'을 발명

1752 **프랭클린**(미국) 번개가 전기인 것을 증명, 피뢰침 발명

1767 **프리스틀리**(영국) '역제곱의 법칙' 예측

1786 **갈바니**(이탈리아) '동물전기'를 발표

1785 **쿨롱**(프랑스) '쿨롱의 법칙'을 발견

1800 **볼타**(이탈리아) '볼타 전지'를 발명

전기 역사 연표

1867   **그람**(벨기에) 발전기를 발명

1879   **에디슨**(미국) 수명이 40시간인 '실용 탄소 전구'를 발명

1882   **에디슨**(미국) 미국 뉴욕 펄 스트리트에 최초 상업용 조명 점등

1883   **스탠리**(미국) 변압기 발명

1886   **스탠리**(미국) 그레이트 베링턴에 교류시스템 시연

1887   **경복궁 건청궁**에 대한민국 최초의 전기 점등

1888   **헤르츠**(독일) 전파의 존재를 확인

1893   **밀크릭 발전소**(미국) 최초 3상 수력발전소 준공

1895   **플레밍**(영국) '플레밍의 법칙'을 발표

        나이아가라 수력발전소 준공

        뢴트겐(독일) X선 발견

1897   **톰슨**(이탈리아) '전자'의 존재를 증명

1898	**한성전기회사** 설립
1942	**페르미** 세계 최초 원자로 완성
1948	**5.14 단전 사태**
1957	**쉬핑포트 원자력발전소**(가압경수형 60MW)가 미국 최초 상업발전 개시
1978	**고리 원자력발전소**(가압경수형 58.7MW)가 한국 최초로 상업발전 개시